건축구조설계 길라잡이

Introduction to Structural Design of Buildings

저자소개

김상대
고려대학교 건축 · 사회환경공학과 명예교수, 공학박사
전(前) 세계초고층도시건축학회(CTBUH) 회장

김도현
경기과학기술대학교 건축인테리어과 조교수, 공학박사

건축구조설계 길라잡이

초판 1쇄 발행 2015년 11월 27일
초판 2쇄 발행 2018년 1월 10일

지은이 김상대, 김도현

펴낸이 김호석
펴낸곳 도서출판 대가
편집부 박은주
디자인 김희진
마케팅 오중환
관 리 김소영

등 록 제 311-47호
주 소 경기도 고양시 일산동구 장항동 776-1 로데오 메탈릭타워 405호
전 화 02) 305-0210 / 306-0210 / 336-0204
팩 스 031) 905-0221
전자우편 dga1023@hanmail.net
홈페이지 www.bookdaega.com

ISBN 978-89-6285-149-6 93540

건축구조설계 길라잡이

Introduction to Structural Design of Buildings

김상대, 김도현 공저

DAEGA BOOKS

머리말

    최근 건축물은 점점 고층화, 비정형화되고 있습니다. 이러한 건축구조물을 기본적으로 이해하려면 작은 건물을 예제로 삼아 실제 구조해석을 통해 구조설계를 경험해보는 것이 중요합니다.

    학생들은 학부 과정에서 구조역학, 철근콘크리트 구조설계, 강구조설계의 기본을 배웁니다. 그러나 이들 과목을 마치 각개 전투하듯이 배우면서도 실제 상황에서 필요한 응용력을 키우지 못하고 있습니다. 따라서 학생들은 구조과목을 어렵고 힘든 분야로 인식하게 됩니다.

    이 책은 학생들이 학부 과정에서 배우는 구조설계 과목을 실제 건물의 설계를 통하여 이해를 높이는 데 초점을 맞추었습니다. 독자들 특히 학부생과 대학원생들이 건축구조설계를 보다 명확하게 이해할 수 있도록, 하중산정 과정에서부터 구조 시스템별 구조해석과 구조설계에 이르는 과정을 동일한 건물을 통해 체계적으로 설명하였습니다.

    특히 구조해석에서는 구조역학의 기본 학습 내용을 최대한 연계하여 구조해석 프로그램과 비교하였습니다. 또한 이 책은 건축구조물 설계 과정에 관심이 있는 초급 엔지니어에게도 적절한 입문서가 될 것입니다.

　저자들은 우리나라 건축구조 교육에 기여하고자 오랜 시일에 걸쳐 이 책을 집필하였습니다. 어려운 내용을 최대한 간결하고 쉽게 설명하고, 예제를 통해 독자들의 이해를 돕고자 노력했지만 여전히 부족한 점이 많을 것으로 생각합니다. 건축구조 분야의 연구자 및 엔지니어 여러분들의 폭넓은 조언이 있길 기대합니다.

　끝으로 이 책의 저술 과정에서 오랫동안 많은 수고를 해준 고려대학교 강구조 · 내진공학 연구실 대학원생들, 아울러 이 책의 출간을 위하여 성실히 도와주신 도서출판 대가의 김호석 사장님과 임직원 여러분께 깊은 감사의 뜻을 전합니다.

2015년 11월

공동저자 김상대, 김도현

목차

제1장 구조계획

1.1 건축과 구조 **12**
    1.1.1 건축과 구조의 관계 **12**
    1.1.2 비정형 초고층 건축물 **14**
    1.1.3 BIM 도입 **16**

1.2 구조설계 과정 **20**

1.3 설계기준 **23**

1.4 설계하중 **26**
    1.4.1 고정하중 **27**
    1.4.2 활하중 **28**
    1.4.3 풍하중 **29**
    1.4.4 지진하중 **30**
    1.4.5 적설하중 **31**

1.5 부재설계 방법 **33**
    1.5.1 강구조설계법 **33**
    1.5.2 콘크리트설계법 **35**

제2장 구조해석

2.1 건물 기본 정보 ·· **38**

2.2 골조의 해석 ··· **41**
    2.2.1 강구조설계를 위한 구조해석 ················· **41**
    2.2.2 철근콘크리트 구조설계를 위한 구조해석 ·········· **79**

제3장 강구조설계

3.1 허용응력설계법 ·· **94**
    3.1.1 작은 보 설계 ····························· **94**
    3.1.2 거더 설계 ······························· **107**
    3.1.3 기둥 설계 ······························· **112**
    3.1.4 주각 설계 ······························· **118**

3.2 한계상태설계법 ·· **125**
    3.2.1 작은 보 설계 ····························· **125**
    3.2.2 거더 설계 ······························· **133**
    3.2.3 기둥 설계 ······························· **142**
    3.2.4 주각 설계 ······························· **154**

제4장 철근콘크리트 구조설계

4.1 슬래브 설계 ··· **164**

  4.1.1 설계 기본 정보 ······································· **165**

  4.1.2 단면 가정 ··· **166**

  4.1.3 휨 설계 ··· **170**

  4.1.4 전단 검토 ··· **172**

  4.1.5 단변 방향 철근 배근 ····························· **173**

4.2 거더 설계 ··· **174**

  4.2.1 기본 정보 ··· **176**

  4.2.2 단면 선택 ··· **177**

  4.2.3 중앙부 정모멘트 휨성능 검토 ················· **177**

  4.2.4 단부 부모멘트 휨성능 검토 ···················· **183**

  4.2.5 전단성능 검토 ······································· **186**

4.3 기둥 설계 ··· **187**

  4.3.1 기본 정보 ··· **188**

  4.3.2 기둥의 주철근량 산정 ··························· **190**

  4.3.3 기둥의 횡보강근 산정 ··························· **196**

4.4 기초 설계 ·· **198**

　4.4.1 기본 정보 ··· **198**

　4.4.2 기초 크기 산정 ··· **199**

　4.4.3 설계용 하중과 지반 반력 ·· **201**

　4.4.4 기초 내력 검토 ··· **201**

　4.4.5 기초 배근상세 ··· **206**

부록

[부록 A] 재료 물성표

[부록 B] 단면성능표

[부록 C] H형강 및 철근 규격

[부록 D] 부재력 및 최대처짐

[부록 E] 고정단 모멘트

[부록 F] 기둥 압축좌굴길이계수(K) 산정표

[부록 G] 강구조설계 참고자료

[부록 H] 강구조 단면 가정표

[부록 I] 철근콘크리트 구조 설계 참고자료

참고문헌

참고문헌 ··· **243**

제 1 장

구조계획

1.1 건축과 구조

긴 건축의 역사 속에서 구조의 비중은 시대에 따라 다양하게 변화되었다. 최근의 세계적인 건축의 흐름은 지속가능한 건축과 비정형 초고층 구조이다. 이러한 경향을 보여주는 많은 사례가 전 세계에 분포되어 있으며, 이러한 추세는 이전의 그 어느 시대보다도 건축과 구조의 관계를 더 가깝게 하고 있다. 이러한 경향은 BIMBuilding Information Modeling의 등장으로 더욱 가속화될 전망이다. 하지만 건축에 종사하는 사람들의 대부분은 구조를 어렵게 생각한다. 건축을 전공하는 학생이 처음 접하는 구조역학이나 재료역학은 많은 계산을 요구하기 때문이다. 역학이 구조의 중요한 부분이라 하더라도 구조의 전부는 아니다. 그러므로 구조를 보는 폭넓은 시선이 필요하다 하겠다.

1.1.1 건축과 구조의 관계

건축과 구조의 관계는 대표적인 구조 엔지니어인 파즐러 칸Fazlur Rahman Khan(1929~1982)이 존 행콕 센터를 설계할 당시에 한 말로 표현될 수 있다. 칸이 100층짜리 철골구조물인 존 행콕 센터에 튜브 시스템을 적용한다는 것은 당시 공학계와 건축계의 일대 뉴스였고, 이는 구조공학자와 건축가들이 손을 잡고 해결해야 할 문제였다. 이때 칸은 "양측의 공조 아래 독창적인 건물을 탄생시키기 위해 공학자는 건축가가 되고 건축가는 공학자가 되어야 한다."고 말했다. 칸은 건축과 구조공학의 환상적인 결합으로 유명한 SOM에 입사하여 공동대표와 수석 구조공학자로 근무하였다. 그가 초고층 구조설계 분야에서 남긴 가장 위대한 업적은 가장 가깝게 지내던 건축가 브루스 그레이엄이 던진 질문에서 시작되었다. "가장 경제적인 건물은 어떤 것일까?"라는 질

[그림 1.1] 존 행콕 센터

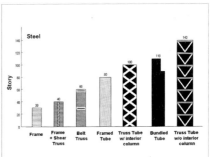

[그림 1.2] 건물 높이에 따른 최적 구조 시스템

문이었다. 그 질문에 대한 대답으로 칸은 당시로서는 혁신적인 튜브 시스템 Tube System을 개발하였고, [그림 1.2]와 같은 높이별 최적 구조 시스템을 제안 하였다.

강구조물일 경우 경제성은 강재의 소요량과 관련이 있는데, [그림 1.3]에서 는 층수에 따른 강재 소요량을 나타내고 있다. [그림 1.3]에서 보는 바와 같이 층수가 증가하여도 바닥구조에서는 일정한 비율의 강재가 소요되지만, 축하 중의 증가에 따른 기둥물량과 풍하중에 대한 과도한 수평처짐을 제어하기 위하여 소요되는 횡력저항 시스템의 물량은 비례적으로 증가하지 않고 층수 가 증가하면서 높은 상승 곡선을 그리게 된다.

건축물의 설계는 외관의 디자인과 내부 활용 공간의 계획도 중요하지만

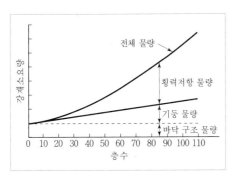

[그림 1.3] 건물 층수에 따른 강재 소요량

건축주의 입장에서는 구조적 안전성과 더불어 경제적 설계가 매우 중요시되며, 이는 구조공학자의 역할이 그만큼 중요함을 보여주는 것이다.

이와 같이 구조물이 그 자체의 기능을 유지하면서 작용하는 하중으로부터 안전하게, 그리고 경제적으로 저항하도록 설계하는 것이 구조공학자가 수행해야 할 과업이다.

1.1.2 비정형 초고층 건축물

초고층 건축물의 전세계적인 동향은 세계초고층협회Council on Tall Buildings and Urban Habitat에서 주최한 컨퍼런스의 주제를 통하여 살펴볼 수 있다. 시카고에서 열린 2006년 대회의 주제인 'Thinking Outside the Box'와 부제인 'Tapered, Tilted, Twisted Tower'는 최근 초고층 건축물의 경향을 함축적으로 표현한 것으로, 현재 전세계적인 초고층 건축물을 대표하는 말로는 손색이 없다.

[그림 1.4] 2006 세계초고층협회(CTBUH) 컨퍼런스

이와 같이 최근 21세기 들어 건설되고 있는 초고층 건축물의 형상은 비정형 경향이 점점 더 심화되며 극적으로 표현되고 있다. 초고층 건축물의 비정형 경향의 첫 화두인 'Tapered Shape'의 건축물로는 현재 세계에서 가장 높은 건물인 부르즈 칼리파Burj Kalifa를 시작으로 바레인 세계무역센터Bahrain World Trade Center, 진마오타워Jin Mao Tower가 해

당되며, 커뮤니케이션 타워Communication Tower, 그린버드Green Bird, 아그파 타
워Torre Agbar 등은 최근 건물 표면이 평면에서 곡면에 가까운 형상으로 진화
하고 있음을 보여주는 예다.

또 'Tilted Shape' 건축물로는 현재 송도에 건설 중인 동북아시아 트레
이트 타워(NEATT), 북경의 CCTV, 러시아타워Russia Tower가 있다. 마지막으
로 가장 많은 형상인 'Twisted Shape'는 칼라트라바Santiago Calatrava의 터닝
토르소Turning Torso를 시작으로 인피니티 타워Infinity Tower, 알라하비치 레지덴
셜 타워Al Raha Beach Residential Tower, 포댐스파이어Fordham Spire, 미시소거 타워
Mississauga tower 등의 수없이 많은 초고층 구조물에 사용되고 있다.

이렇게 다양한 비정형의 건축물을 창출하기 위해서는 다양한 구조 시스템
이 필요하며, 이를 위해 기존의 초고층 구조 시스템과 다른 구조 시스템이 지
속적으로 개발되고 있다.

[그림 1.5] 'Tapered Shape'의 건축물(왼쪽부터) : 부르즈 칼리파(by SOM), 바레인 세계무역센터
(by W S Atkins), 커뮤니케이션 타워, 그린버드(by Future Systems), 아그파 타워(by J. Nouvel)

[그림 1.6] 'Tilted Shape'의 건축물(왼쪽부터): 동북아시아 트레이트 타워(by KPF), CCTV(by OMA), 러시아타워(by Forster&Partners)

[그림 1.7] 'Twisted Shape'의 건축물(왼쪽부터): 터닝토르소(by Calatrava), 알라하비치 레지덴셜 타워(by Asymptote), 포댐스파이어(by Calatrava), 미시소거 타워(by MAD Studio)

1.1.3 BIM 도입

건설산업 전반의 효율성과 부가가치를 재고하기 위한 노력의 일환으로 3차원 모델 즉 BIMBuilding Information Modeling이 최근 각광받고 있다. 기존의 작업은 선과 문자의 조합인 2차원 도면을 이용하여, 도면 작성자와 도면 사용자의 약속을 바탕으로 진행되었다. 따라서 현장 작업자는 많은 경험과 지식을 바탕으로, 2차원 설계에서 보이는 많은 한계(도면의 오류와 불일치)를 극복해야 했다. 이는 각 업무영역 간에 간섭의 소지를 불러일으켰으며, 발주자의

불투명한 공사비 요구로 상호 간에 불신을 야기하기도 했다. 이러한 한계가 드러난 것은 타 업계에 비해 건설산업에서 IT 기술의 적극적인 활용이 늦어 졌기 때문이다. 종이를 바탕으로 하는 도면 작성 및 정보의 교환, 인적 자원 에 의지하는 지금까지의 작업방법을 탈피하고, IT 기술을 통하여 정보를 공 유하는 새로운 방법으로서의 전환이 요구된다.

최근 BIM의 실현은 IT의 가속화와 함께 더욱 활성화되었고, 특히 인터넷 을 통하여 BIM의 본질인 공동작업Collaboration의 편리함이 배가되었다. BIM 의 선두주자인 '오누마Onuma'가 선도한 BIM 스톰BIM Storm은 현재의 BIM을 한 단계 발전시켰고 BIM이 앞으로 나아가야 할 방향을 제시하였다.

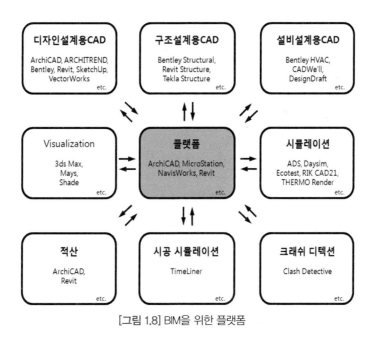

[그림 1.8] BIM을 위한 플랫폼

BIM 구현을 위한 프로그램으로 미국에서는 2002년부터 건축용 3차원 프 로그램을 개발한 오토데스크Autodesk사의 Revit 시리즈가 보편적으로 사용되

고 있고, 유럽에선 BIM의 이전부터 ArchiCAD가 보편화되어 있다. 그 외에
도 강력한 엔진으로 대규모 플랜트 공사에 유리한 벤틀리시스템사의 마이크
로스테이션Microstation 등이 있으며, 디자인 성능이 강한 공업 디자인 프로그
램인 라이노Rhino, 비행기나 자동차 등의 디자인에서 정평이 있는 카티아CATIA
등이 있다.

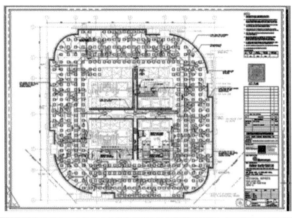

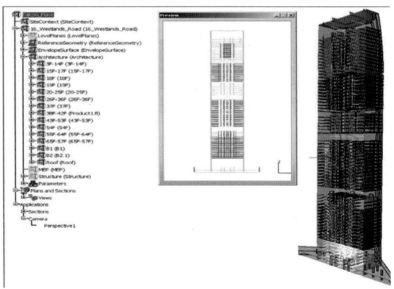

[그림 1.9] BIM 적용 사례

　　이러한 BIM 툴의 발전으로 프랭크 게리가 설계하는 자의적인 형상 디자인부터 더 정교하고 복잡한 초고층 건물에 이르기까지 BIM의 적용이 좀 더 용이해졌다.

　　건물이 높아질수록 BIM 데이터의 가벼운 협업을 통해 초기 단계서부터 건축가와 구조 엔지니어 등의 참여가 빨라졌고, 이는 보다 빠르게 건축설계의 다양한 변화에 신속하게 대응할 수 있게 해주었다. 무엇보다도 시공 단계에 가서야 발견되는 각 공정간의 간섭 문제를 조기에 찾아내 보다 효율적인 공사를 실현하게 된 것이 큰 장점이다.

　　이런 관계는 BIM을 통해 건축가와 구조설계자, 시공사, 자재생산자 등을 통합하여 함께 아우르는 효율적인 생산방식을 만들었고, 이를 통해 건설 산업의 발전과 건축 및 구조공학의 융합이 이루어지게 되었다.

1.2 구조설계 과정

보통 구조 엔지니어는 건물에 작용하는 여러 가지 외적자극(일반적으로 하중이라 함)에 건물이 저항할 수 있도록 하기 위해 구조설계 과정을 거친다. 구조설계는 작용하는 외력(하중)에 의하여 발생하는 부재력 이상을 견딜 수 있도록 구조 시스템과 구조부재의 크기, 재질 등을 선정하는 것이다. 구조설계의 핵심은 구조물의 저항력이 외력보다 항상 크도록 하는 데 있다. 그럼 여기서 다음과 같은 의문이 든다.

"어떤 종류의 하중을 얼마의 크기로 산정할 것인가?"
"작용하는 하중에 대하여 구조물에서 얼마의 내력(부재력)이 발생할 것인가?"
"선정된 구조부재는 발생하는 부재력을 충분히 저항할 수 있는가?"

이러한 의문을 해결하기 위하여 구조 엔지니어는 다음 분야에 대하여 학습해야 한다.

"어떤 종류의 하중을 얼마의 크기로 산정할 것인가?"
  - 구조동역학, 내진설계, 내풍설계
"작용하는 하중에 대하여 구조물에서 얼마의 내력(부재력)이 발생할 것인가?"
  - 구조역학, 전산구조해석
"선정된 구조부재는 부재력을 충분히 저항할 수 있는가?"
  - 철근콘크리트구조, 강구조, 재료역학, 구조재료실험

공업역학

철근콘크리트
구조설계

건축구조설계

구조동역학

건축구조

건축구조실험

건축구조역학

철골구조설계

전산구조해석

[그림 1.10] 구조 엔지니어를 위한 구조 과목

사람이 움직이지 않고 가만히 있다고 하더라도 의식하지 못하는 사이에 중력이나 대기압과 같은 외부적인 힘을 항상 받게 된다. 또한 걷기나 달리기와 같은 운동을 하면 추가로 충격이나 마찰력 등의 힘을 받게 된다. 이러한 힘에 효과적으로 저항하기 위하여 우리 몸은 뼈와 근육을 가지고 있다. 이와 같이 건축물에서도 외부의 힘을 받기 위하여 몇 가지 주요한 구조부재를 가지고 있다.

건축구조물은 가만히 서 있어도 그 자체의 무게를 지지해야 하고, 바람이 불거나 지진이 발생할 때에는 추가적으로 외부 힘에 저항해야 한다. 이처럼 구조물이 지지해야 할 외부적인 힘을 하중Load이라 한다.

슬래브Slab는 바닥의 하중을 일차적으로 받게 되는 부재이며, 이 하중은 큰 보에 연결된 작은 보Beam로 전달되고, 다음으로 큰 보Girder를 거쳐 기둥 Column으로 전달되어 기초Foundation를 통하여 하중을 지반으로 전달한다.

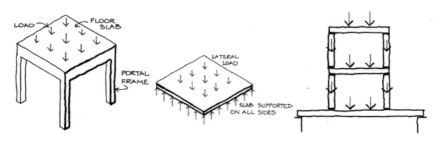

[그림 1.11] 중력하중 전달 과정

우리 몸의 뼈와 같이 구조물도 다양한 하중에 대하여 그 모양과 형태를 유지할 수 있는 뼈대구조를 갖추어야 한다. 이를 위하여 최적의 구조 시스템을 선택하여 붕괴를 예방하고, 적정한 사용성(과도한 수직처짐 및 수평변위의 제어)을 확보하게 되는데, 이러한 과정을 '구조설계Structural Design'라 한다.

1.3 설계기준

앞서 구조설계에 대한 의문 중 하나인 "어떤 종류의 하중을 얼마의 크기로 산정할 것인가?"에 대해 다음의 상황으로 생각해볼 수 있다. [그림 1.12]와 같이 단층 골조에 대하여 설계자에 따라 하중을 다양하게 예상하여 설계한다면 어떻게 될까? 적정 설계하중 이상으로 설계한다면 경제성이 없어지며, 적정 설계하중 이하로 설계할 경우 건물 붕괴에 따른 인명 손실이 야기된다. 따라서 설계기준은 경제성과 안전성 동시 확보를 목적으로 적정 하중을 제시한다.

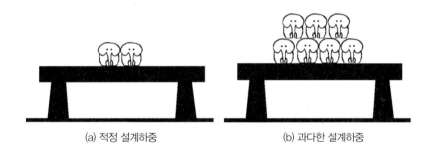

(a) 적정 설계하중   (b) 과다한 설계하중

[그림 1.12] 얼마의 하중이 작용하는가?

부재설계 측면에서도 설계기준은 필요하다. 앞서 결정된 적정설계하중에 대하여 설계자별로 다양한 방법으로 그 하중들을 견딜 수 있게 단면을 결정한다면 부재의 안전성을 확보할 수 있을까? 설계하중에서 고려한 것과 마찬가지로 부재의 설계에도 최적의 구조설계가 필요하며, 따라서 그에 맞는 설계기준을 제시하고 있다.

(a) 적정 부재설계   (b) 과다한 부재설계

[그림 1.13] 구조물은 충분히 저항하는가?

구조안전과 직결되는 설계하중 산정을 설계자 각자가 임의대로 결정하고, 구조가 견딜 수 있는 내력을 다양한 방법으로 산정한다면 어떻게 될까? 아마도 매일같이 다양한 문제들이 발생할 것이다. 이런 문제들을 해결할 수 있는 방법이 바로 설계기준이다. 설계기준은 건축물의 안전성과 경제성을 동시에 추구하는 중요한 약속이다.

설계기준은 일반적으로 국가별로 정해져 있으며, 한 국가에서 이루어지는 구조설계의 근간이 된다. 즉 한국에서는 건축구조설계기준이, 미국에서는 IBC 기준이 이에 해당된다. 설계기준은 크게 하중기준과 부재설계기준으로 구분되며, 한국과 미국에서 사용되는 대표적인 기준을 정리하면 [그림 1.14]에서 [그림 1.16]과 같다.

[그림 1.14] 미국의 IBC 기준과 한국의 건축구조설계기준

[그림 1.15] 미국의 대표적인 부재설계기준

[그림 1.16] 한국의 대표적인 부재설계기준

1.4 설계하중

구조물에 작용하는 하중은 앞서 설명한 설계기준에 따라 산정한다. 또 이러한 설계하중은 크게 중력하중과 횡하중으로 분류한다.

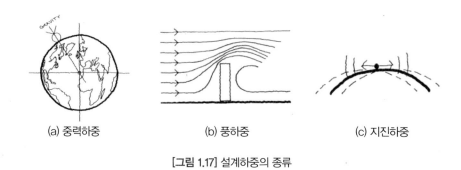

(a) 중력하중   (b) 풍하중   (c) 지진하중

[그림 1.17] 설계하중의 종류

구조설계 시 구조 시스템 및 구조재료가 결정된 다음에는 구조물에 작용하는 하중을 결정해야 하며, 하중은 구조물이 존재하는 동안 예상되는 모든 하중들을 포함해야 한다.

하중은 일반적으로 하중이 작용하는 동안 구조물이 거의 정지해 있을 정도로 천천히 작용하는 정하중靜荷重: Static Loads과 구조물을 가속시키고 급속한 변화를 일으켜 관성력慣性力: Inertia Force을 발생시키는 동하중動荷重: Dynamic Loads으로 구분된다. 이 외에도 하중을 다음과 같이 다양하게 분류할 수 있다.

(1) 작용 시간에 따른 분류
- 장기하중 : 고정하중, 활하중 등과 같이 장기간 작용하는 하중
- 단기하중 : 풍하중, 지진하중 등과 같이 비교적 단기간 작용하는 하중

(2) 작용 방향에 따른 분류

- 수직하중 : 고정하중, 활하중 등과 같이 수직으로 작용하는 하중
- 수평하중 : 풍하중, 지진하중 등과 같이 수평으로 작용하는 하중

1.4.1 고정하중

구조물이나 마감재의 중량 등과 같이 구조물의 존속 기간 중 항상 고정되어 작용하는 하중을 고정하중Dead Load이라고 한다. 예를 들어 건축구조물에서의 고정하중은 기둥, 보, 슬래브, 지붕, 벽체, 창호, 배관 등과 기타 고정된 시설물들의 중량으로 구성된다.

구조체나 벽체 등의 고정하중은 그 체적에 구성재료의 단위용적중량을 곱하여 산정한다. 그러나 마감재의 경우는 작은 체적을 구해 하중을 계산하는 것은 비실용적이므로, 이러한 부분에 대해서는 그 표면적에 마감재료의 통계적인 단위면적당 중량을 곱하여 하중을 산출한다. 널리 사용되는 건축재료의 단위면적당 중량은 [표 1.1]과 같다.

표 1.1 각종 건축재료의 단위면적당 중량

재료명	SI 단위(kN/m³)	중력 단위(tf/m³)
무근콘크리트	22.54	2.30
철근콘크리트	23.52	2.40
구조용 강재	76.93	7.85
목재	5.88	0.60
경량콘크리트	9.80~17.64	1.00~1.80
벽돌	18.62	1.90
유리	24.50	2.50
화강석	26.46	2.70

1.4.2 활하중

활하중Live Load은 건물의 용도에 따라 바닥에 적재되는 사람, 가구 및 물품 등의 중량이며, 이러한 하중은 고정하중과 같이 구조물에 항상 작용하는 하중이 아니라 시간에 따라 부분적으로 적재되거나 작용하는 하중이다. 사람에 의한 하중은 시간에 따라 이동되는 하중으로 바닥구조에 충격과 진동을 주므로 하중의 집중성, 충격 및 진동을 감안하여 실제 사용 목적에 따라 집중의 정도와 충격에 의한 할증割增을 고려하여 정해야 한다.

그러나 실제 구조설계에서는 이와 같은 사람이나 설비물 하중의 집중성이나 충격 등을 정밀히 계산하여 하중을 결정할 수 없기 때문에 그 역학적 효과가 동등한 바닥면적당 등분포하중으로 환산하여 계산한다. 또한 층수가 높은 건물에서는 전 층의 바닥이 동시에 설계하중이 작용하는 것으로 생각하지 않으므로 이런 경우에는 아래층의 기둥이나 기초설계용 활하중을 일정한 비율로 저감하여도 된다.

[표 1.2]는 현재 국내에서 사용 중인 구조설계용 활하중 기준의 일부를 나타낸 것이다.

표1.2 건축물 각 부분의 활하중(단위 : kN/m²)

용도	건축물의 부분	활하중
주택	주거용 건축물의 거실, 공용실, 복도 공동주택의 발코니	2.0 3.0
사무실	일반 사무실과 해당 복도 로비 특수 용도 사무실과 해당 복도 문서보관실	2.5 4.0 5.0 5.0

용도	건축물의 부분	활하중
학교	교실과 해당 복도 로비 일반 실험실 중량물 실험실	3.0 4.0 3.0 5.0
판매장	상점, 백화점(1층 부분) 상점, 백화점(2층 이상 부분) 창고형 매장	5.0 4.0 6.0
도서관	열람실과 해당 복도 서고	3.0 7.5

1.4.3 풍하중

풍하중Wind Load은 바람, 태풍 등에 의해 건축물에 작용하는 풍압력을 말한다. 풍하중은 고층 건물, 현수교, 송신탑과 같은 구조물의 설계에서 특히 중요하게 다루어진다.

건축물에 작용하는 풍하중은 건물의 모양, 지리적 위치, 구조물의 표면 상태, 건물 높이 등에 따라 달라진다. 건물의 배치 및 형태에 따라 바람의 흐름이 달라지나 순간적인 바람의 변화를 측정하는 것은 불가능하므로 풍하중은 등가정적 개념으로 건축물의 탄성적 거동을 전제하여 확률통계적 방법으로 정한다.

즉 구조물에 작용하는 풍력은 측정 시간 동안의 평균적인 설계풍속으로 정하며, 풍속의 변화와 여러 요인에 의해 변동풍력을 적용한다. 일반적으로 변동풍력은 풍속의 변화뿐 아니라 건축물의 규모, 구조 특성, 특히 동적 특성과 관계가 있다.

국내 풍하중 산정에 대한 기본 방침은 구조골조형 풍하중(W_f)과 지붕골조형 풍하중(W_r) 및 외장재용 풍하중(W_c)으로 구분하여 산정한다.

구조골조형 풍하중은 설계풍력(P_f)과 유효수압면적의 곱으로 산정한다. 여기서 설계풍력은 밀폐형 건축물과 개방형 및 기타 구조물로 구분하며 각 경우에 대해 설계높이에서의 속도압(q_z)과 가스트 영향계수(G_f)와 풍력계수(C_f)의 곱으로 산정한다.

지붕골조용 풍하중은 설계풍력(P_r)과 유효수압면적의 곱으로 산정한다. 설계풍력은 구조골조의 풍하중 산정 과정과 기본적으로 동일하지만, 지붕골조의 경우 내압의 변동에 영향을 많이 받으므로 내압의 가스트계수(G_i)와 내압계수(C_{pi})를 고려하여 설계해야 한다. 외장재용 풍하중은 외벽 및 외장마감재의 설계와 그 접합 등에 사용되는 풍하중으로 산정 기본은 구조골조용과 동일하다. 보다 상세한 풍하중 산정 과정은 건축구조기준을 참조한다.

1.4.4 지진하중

지진에 의한 진동은 진원 부근을 제외하고 주로 땅에 수평하게 진행된다. 땅이 수평 방향으로 진동하는 것은 상대적으로 정지하고 있는 땅에 대해 지상에 놓인 구조물이 수평 방향으로 진동하는 것으로 볼 수 있다.

국내의 경우, 1970년대 홍성 지진 이후 지진에 대한 안전성 연구가 시작되어 1986년 고층 건물에 대한 내진설계 지침이 작성되었고, 2009년 개정된 건축구조 기준 법규에서는 내진설계의 범위를 3층 이상, 연면적 1천 m² 이상의 모든 건물로 확대하여 검토하도록 하였다.

한편 지반의 운동에 의해 발생하는 건축물의 관성력은 동하중이므로 건축물의 거동을 정확하게 파악하고, 안전하고 경제적으로 설계하기 위해서는 동적 해석을 수행해야 한다. 그러나 계산 과정이 번거롭고 동적 해석에 대한 지식이 요구되므로 등가정적해석을 적용하도록 규정하였다.

등가정적해석은 지진의 영향을 등가의 정적하중으로 환산하여 정적해석을 수행함으로써 구조물의 지진에 의한 거동을 예측하는 방법이다.

현 규준에서는 각 층에 작용하는 층지진하중(F_x)은 다음 식을 이용하여 밑면 전단력(V)을 각 층으로 분배함으로써 구해진다.

$$F_x = \left(\frac{W_x h_x^k}{\sum_{i=1}^{n} W_i \; h_i^k} \right) V$$

W_i , W_x: i, x 층의 건축물 중량

h_i , h_x: 건축물의 밑면으로부터 i, x 층까지의 높이

k: 건축물 주기에 따른 분포계수(1.0~2.0)

$$V = C_s \, W$$

W : 건축물의 총중량

C_s : 지진응답계수

1.4.5 적설하중

적설하중Snow Load은 건축물에 쌓이는 눈의 중량을 말한다. 눈이 많이 오는 다설 지역에서는 적설하중을 장기하중으로 간주하나 단시간 내에 눈이 녹는 지역에서는 단기하중으로 간주하는 경우가 많다. 따라서 우리나라 북부와 같이 눈이 많이 내리는 지역에서는 적설하중을 장기하중으로 간주하는 것이 합리적이다.

대상 건축물의 지붕에 쌓이는 적설량에 대한 관측자료가 있다면 이를 통계 처리하여 설계용 지붕적설하중으로 사용할 수 있다. 그러나 현실적으로 수십 년간 축적된 지붕적설에 대한 관측자료를 입수하기는 어려우므로 일반적으로 장기적인 기상관측자료에 의한 지상적설깊이의 측정자료가 통용된다. 따라서 지붕적설하중의 기본값은 재현 기간 100년에 대한 수직 최심적설깊이를 기준으로 하여 등가단위 적설평가식에 따라 다음과 같은 지상적설하중(S_g)을 추정한다.

$$S_g = P \cdot Z_s$$

P: 눈의 평균단위중량 [깊이 1cm당 kN/m^2]

Z_s: 수직 최심적설깊이[cm]

한편 지붕적설하중은 건축물의 규모, 지붕의 형상, 기온, 풍속, 풍향 등에 따라 다르다. 이러한 영향 요인들을 고려하여 다음과 같이 지붕적설하중을 산정한다.

$$S_f = C_b \times C_e \times C_t \times I_8 \times S_g \ [kN/m^2]$$

S_f : 설계용 적설하중

C_b : 기본 적설하중계수

C_e : 노출계수

C_t : 온도계수

I_s : 중요도계수

1.5 부재설계 방법

구조설계를 수행하는 목적은 크게 두 가지로 분류하는데 구조체의 안전성과 사용성을 확보하는 것이다. 그 중에서 사용성에 대한 설계 개념 및 방법은 국제적으로 거의 동일하다. 즉 하중계수를 1로 하며 탄성범위 내에서의 각종 사용성을 검토하고 있다. 그러나 안전성에 대한 설계 개념 및 방법은 여러 가지가 있다. 이러한 개념은 대표적인 구조재료인 철근콘크리트와 철골의 부재설계에 적용된다. 철골부재설계를 하는 방법으로는 크게 허용응력도설계법 Allowable Stress Design method: ASD과 하중저항계수설계법Load and Resistance Factor Design method: LRFD으로 분류할 수 있다. 한편 철근콘크리트 설계법은 극한강도설계법Ultimate Strength Design Method: USD을 사용한다. 구조체의 안전성을 평가하는 대원칙은 간단하다. 외부작용력보다 부재 저항성능을 더 크게 결정하는 것이다. 이러한 내용은 각 설계법마다 다양한 표현으로 나타난다.

외력에 의하여 발생하는 힘 $\leq$ 부재의 저항력

$$P_u \leq \Phi P_y (\text{LRFD})$$

$$F_a \leq F_y / \text{Safety Factor(ASD)}$$

1.5.1 강구조설계법

(1) 허용응력도설계법

허용응력도설계법은 하중계수를 1로 하여 구조해석을 수행하고 개개 부재의 응력(F_a)이 규정된 각종 허용응력도를 초과하지 않도록 설계하는 방법이다. 대표적인 기준으로 국내에는 '허용응력설계법에 의한 강구조설계기준(2003)'이, 미국에는 AISCAmerican Institute of Steel Construction에서 발행한 'ANSI/AISC 360-5(2005)'가 사용되고 있다. 허용응력도는 일반적으로 항복응력도(F_y)를 1.5로 나눈 값, 즉 안전율Safety Factor을 1.5로 하여 결정하며, 좌굴과 전단력을 고려할 때는 더욱 작은 값으로 허용응력도를 정하고 있다. 한편 단기하중(또는 종국한계상태)에서는 모든 하중계수를 1로 하여 하중의 조합을 수행하며, 허용응력도의 값을 증대시켜 사용하고 있다. 이러한 허용응력도의 증대는 국내 규준과 일본 규준의 경우 50%로 하고 있으며, 미국 규준에서는 33%로 하고 있다.

(2) 하중저항계수설계법

하중저항계수설계법은 미국에서 허용응력도설계법과 구분되어 병용하는 설계 방법으로서, 하중계수와 부재의 저항계수를 사용하는 방법이다. 대표적인 기준으로 국내에서는 '건축구조설계기준 제7장 강구조(2009)'가, 미국에서는 AISCAmerican Institute of Steel Construction에서 발행한 'Specification for Structural Steel Buildings(2005), ANSI/AISC 360-5'가 사용되고 있다. 부재강도의 산정 방법은 단면 형태에 따라 여러 가지 방법으로 규정되어 있다. 즉 전소성강도와 항복강도 또는 좌굴강도 등으로 분리되어 적절하게 선택하도록 되어 있으며, 때로는 사용 재료의 항복응력도yield stress 외에 인장강도tensile strength를 기준으로 하여 부재의 강도를 규정하고 있다. 물론 계수설계법의 규준 내에도 사용성에 관한 규준이 포함되어 있어 앞에서 설명한 대로 하중계수를 1로 하여 검토하도록 되어 있다.

기본적으로 구조물 설계 과정과 관련되어 있는 한계상태는 다음 두 가지 범주가 있다.

극한한계상태를 위배하는 것은 일반적으로 구조물의 전부 또는 일부가 파괴되거나 손실되는 것을 의미한다. 예를 들면 기둥좌굴에 의하여 구조부재인 기둥이 파괴된다. 또한 사용성한계상태를 위배하면 구조물 또는 구조 요소 일부가 실제로 파괴되는 것은 아니지만 구조물을 사용하는 데 문제가 발생할 수 있다.

1. 극한한계상태Ultimate Limit State
   - 기둥의 좌굴
   - 보의 횡-비틀림좌굴
   - 인장부재 전단면의 항복

2. 사용성한계상태Serviceability Limit State
   - 부재의 과도한 탄성처짐
   - 바닥의 과도한 진동
   - 장기 변형

1.5.2 콘크리트설계법

콘크리트설계법은 극한강도설계법Ultimate Strength Design Method: USD으로 강구조설계법에서 언급한 하중계수와 부재의 저항계수를 사용하는 방법이다. 대표적인 기준으로 국내에는 '건축구조기준 제5장 콘크리트구조(2009)'가, 미국에는 ACIAmerican Concrete Institute에서 발행한 'Building Code and Commentary(2008), ACI 318-14'가 사용되고 있다.

강도설계법은 철근과 콘크리트의 비탄성 거동인 극한강도를 기초로 한 설계 방법으로 설계하중이 단면저항력 이내에 있도록 설계하는 방법이다. 휨모멘트와 축력을 받는 부재에 대한 철근콘크리트 강도설계법의 주요 설계 가정은 다음과 같다.

- 힘의 평형조건과 변형률적합조건을 만족해야 한다.
- 철근과 콘크리트의 변형률은 중립축으로부터 거리에 비례하는 것으로 가정한다.
- 부재의 콘크리트 압축연단의 극한변형률은 0.003으로 가정한다.
- 콘크리트 인장강도는 무시할 수 있다.

제2장

구조해석

2.1 건물 기본 정보

설계 예제로 선택한 건물은 지상 2층의 2경간 모멘트 골조이다. 구조물의 용도는 사무소이며, 층고는 지상 1층은 4m, 지상 2층은 3.6m로 전체 높이는 7.6m다. 또한 평면 기본 모듈은 7.5m×8.0m이다. 건물의 중력하중을 저항하는 시스템은 모멘트 저항 골조이며, 횡하중은 설계 과정에 고려하지 않는다. 건물의 지점 및 절점 조건으로 지점은 힌지 조건이고, 기둥과 거더의 접합은 강접합이며, 작은 보와 거더는 전단접합으로 연결되어 있다.

[그림 2.1]의 설계 예제 건물을 철골조와 철근콘크리트구조로 설계하기 위한 3차원 모델로 구조 종별(S조, RC조)에 따라 작은 보의 배치 계획이 달라진다. 따라서 구조 종별과 관계없는 거더와 기둥만으로 이루어진 골조도를 나타낸다.

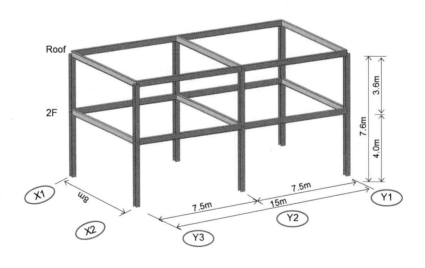

[그림 2.1] 설계 예제 건물의 3차원 모델

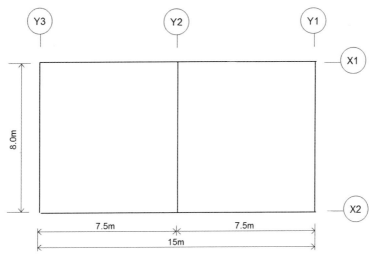

[그림 2.2] 설계 예제 평면

본 예제에 사용되는 부재는 크게 기둥Column, 거더Girder, 작은 보Beam가 있으며, 부재명으로 부재의 종류와 위치를 나타낸다. 부재명의 문자는 각 부재의 영문자인 C, G, B를 사용하여 부재의 종류를 나타내고, 첫 번째 첨자는 층의 위치를, 두 번째 첨자는 부재 번호를 의미한다.

구조부재에 번호를 부여할 때 작용하중, 부재길이, 경계조건이 모두 동일한 경우에는 같은 번호를 사용한다. 여기에서 평면의 X1열과 X2열, Y1열과 Y3열은 앞서 언급한 조건이 서로 같다. 따라서 Y1열과 Y3열의 기둥은 작용하중, 부재길이, 경계조건이 모두 같으므로 같은 부재 번호 C_{21}, C_{11}을 사용한다.

C_{21}은 2층의 X1열의 거더를, C_{22}는 2층의 Y1, Y3열의 거더를, C_{23}은 2층의 Y2열의 거더를 나타낸다. 또한 C_{21}은 2층의 Y1, Y3열의 기둥을, C_{22}는 2층의 Y2열의 기둥을 나타낸다.

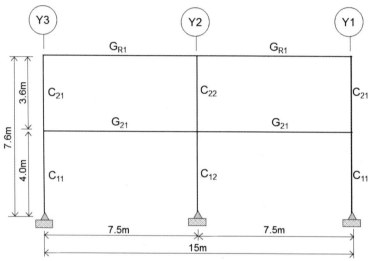

[그림 2.3] 설계 예제 단면도(X1 골조)

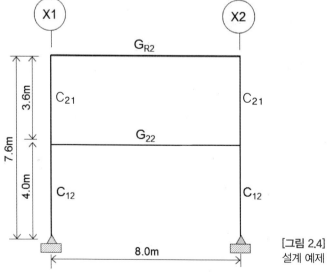

[그림 2.4]
설계 예제 단면도(Y1 골조)

2.2 골조의 해석

2.1절의 설계 기본 사항을 바탕으로 구조설계를 하고자 할 때, 일반적으로 강구조와 철근콘크리트구조로 설계할 수 있다. 각각의 구조 시스템에 따라 설계하중 및 구조계획이 달라지므로, 이 절에서는 강구조설계를 위한 구조해석과 철근콘크리트구조설계를 위한 구조해석으로 나누어 설명하고자 한다. 부재설계를 위한 구조물의 해석에는 건축구조역학에서 학습한 모멘트 분배법과 상용 프로그램 MIDAS를 이용하였다.

2.2.1 강구조설계를 위한 구조해석

(1) 구조해석 모델링

2.1의 설계 기본 사항을 바탕으로 강구조로 설계하고자 한다. 강구조에서 콘크리트 슬래브를 사용하는 경우 일반적으로 데크플레이트를 사용하며, 데크플레이트의 지점간 거리는 일반적으로 3m 전후이다. 따라서 Y1-Y2의 간

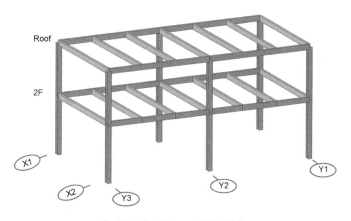

[그림 2.5] 강구조 모델링(3차원)

격이 7.5m이므로 [그림 2.6]와 같이 Y1-Y2 사이에 두 개의 철골보 B1을 설치하였고, 보의 접합부 설계와 하중 전달 방법은 [그림 2.7]과 같다.

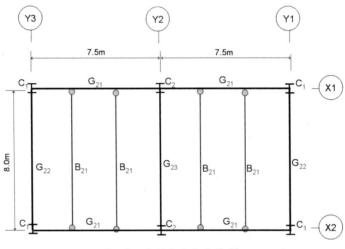

[그림 2.6] 설계 예제 평면(2층)

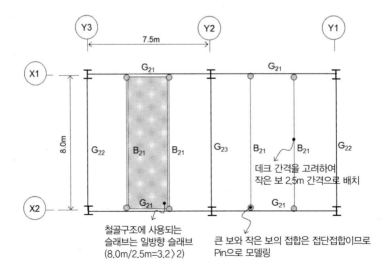

[그림 2.7] 강구조 구조해석을 위한 모델링(2층)

(2) 단면 가정(X,Y 방향)

X방향 스팬은 7.5m, Y방향 스팬은 8m이므로, 모든 기둥은 H 310×310 ×20×20, Y방향 거더(G_{22}, G_{R2})는 H 500×200×10×16, X방향 거더 (G_{21},G_{R1})는 H 350×175×7×11을 사용한다.

작은 보의 단면은 하중 분담 폭이 2.5m, 스팬이 8m이므로 X방향 거더와 같이 H 350×175×7×11을 사용한다.

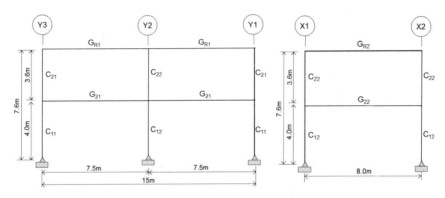

[그림 2.8] 강구조 구조해석을 위한 모델링(X1 골조)   [그림 2.9] 설계 예제 단면도(Y1 골조)

표 2.1 부재 및 단면성능 리스트

	부재 및 단면성능	단면2차모멘트(cm^4)	
		lx	ly
G_{21}, G_{R1}, B_{21}, B_{R1}	H 350×175×7×11	13,600	984
G_{22}, G_{23}, G_{R2}, G_{R3}	H 500×200×10×16	47,800	2,140
C_{11}, C_{21}, C_{21}, C_{22}	H 310×310×20×20	13,600	9,940

단, 부재명 밑의 첨자는 다음을 의미한다.

G_{21}
→ 부재 번호
→ 층을 나타냄(2, R)
→ 부재 종류(C, G,B) : 2층의 1번 거더

(3) 설계하중과 하중조합

1) 구조설계용 하중

각 층별 바닥 슬래브의 고정하중 산정을 위해 일반적으로 적용되는 슬래브의 단면을 사용하였으며, 각 층의 단면과 그에 따른 하중 값은 아래와 같다. 일반적으로 보와 기둥의 자중은 값이 작으므로 바닥하중 산정 시에는 제외하고, 구조해석 프로그램에서 구조체 자중으로 포함하여 고려한다.

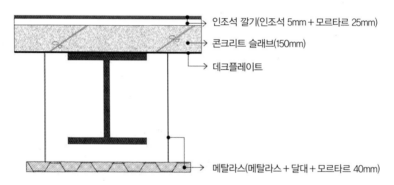

인조석 깔기(인조석 5mm + 모르타르 25mm)
콘크리트 슬래브(150mm)
데크플레이트

메탈라스(메탈라스 + 달대 + 모르타르 40mm)

[그림 2.10] 지붕층 사무소 고정하중 구성

① 2층 바닥하중

고정하중	바닥(인조석 깔기)		0.60
	콘크리트 슬래브	t=150mm	3.60
	데크플레이트		0.20
	천장(메탈라스)		0.95
	합계		5.35
활하중	(표 1.2 참조)		2.50 kN/m^2

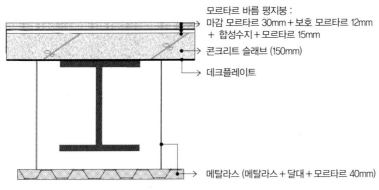

[그림 2.11] 지붕층 사무소 고정하중 구성

② 지붕층 바닥하중

고정하중	바닥(모르타르 바름 평지붕)		1.20
	콘크리트 슬래브	t=150mm	3.60
	데크플레이트		0.20
	천장(메탈라스)		0.95
	합계		5.95 kN/m^2
활하중	(표 1.2 참조)		2.00 kN/m^2

표 2.2 층별 바닥하중 (kN/m²)

	고정하중(D)	활하중(L)
2층	5.35	2.5
지붕층	5.95	2.0

2) 하중조합

① 허용응력설계법Allowable Stress Design Method

허용응력설계법ASD Method에 대한 사용기준은 허용응력설계법에 따른 강구조설계기준(2003)을 이용하였고, 본 예제에서는 횡력을 고려하지 않으므로 고정하중과 활하중으로 구성된 하중조합을 사용한다.

LCB 1: D + L

표 2.3 허용응력설계법 설계하중조합에 따른 바닥하중 (kN/m^2)

	D + L
2층	7.85
지붕층	7.95

② 한계상태설계법Load Resistance Factor Design Method

한계상태설계법LRFD Method에 대한 사용기준은 건축구조설계기준 제7장 강구조(KBC 2009)이므로, 동 기준의 0702.2 하중과 하중조합에 제시된 아래의 하중조합 중에서 가장 불리한 경우에 따라 결정하여야 한다. 본 예제에서는 횡력을 고려하지 않으므로 고정하중과 활하중을 이용한 하중조합만 검토한다.

LCB 1: 1.4D

LCB 2: 1.2D + 1.6L

표 2.4 한계상태설계법 설계하중조합에 따른 바닥하중(kN/m^2)

	LCB 1 (1.4D)	LCB 2(1.2D + 1.6L)
2층	7.49	10.42
지붕층	8.33	10.34

0702.2　　하중과 하중조합

0702.2.1　공칭하중, 하중계수 및 하중조합

0702.2.1.1　공칭하중

공칭하중은 3장에 따른다. 공칭하중의 종류는 고정하중(D), 활하중(L), 지붕의 활하중(Lr), 풍하중(W), 적설하중(S), 지진하중(E), 빗물하중(R), 수압(F), 토압(H), 초기변형도에 의한 하중(T) 등이 있다. 여기서 수압(F)은 일정한 압력과 높이에 의해 작용하는 하중을 의미하고 토압(H)은 토압과 지중수압에 의한 수평력을 의미한다.

0702.2.1.2　하중계수 및 하중조합

(1) 구조물과 구조부재의 소요강도는 아래의 하중조합 중에서 가장 불리한 경우에 따라 결정해야 한다.

1.4 (D + F) (0702.2.1)

1.2 (D + F + T) + 1.6(L + H) + 0.5(Lr 또는 S 또는 R) (0702.2.2)

1.2D + 1.6(Lr 또는 S 또는 R) + (L 또는 0.65W) (0702.2.3)

1.2D + 1.3W + L + 0.5 (Lr 또는 S 또는 R) (0702.2.4)

1.2D + 1.0E + L + 0.2S (0702.2.5)

(4) 모멘트 분배법 Moment Distribution Method

　모멘트 분배법은 연속보, 골조 등에 생기는 휨모멘트를 근사적으로 구하는 방법으로, 반복회수를 많이 할수록 정해正解에 가까운 값을 얻게 되며, 각 부재 단부의 휨모멘트 값을 직접 구할 수 있다. 이 절에서는 [표 2.3]의 허용응력설계조합 LCB1 (D +L)에 대하여 모멘트 분배법을 X1 골조에 수행하고자 한다. 한계상태설계법에 대한 모멘트 분배 시에는 [표 2.4]의 하중조합에 대하여 동일한 과정을 수행하면 된다. 모멘트 분배법으로 부재력을 구하는 방법은 다음과 같다.

1) 하중조건에 의한 고정단 모멘트 Fixed End Moment ; FEM 산정

2) 각 부재의 강성(k_{AB}) 산정

3) 분배율-Distribution Factor: DF 산정

4) 모멘트 분배를 통한 단부 모멘트 산정

5) 부재별 자유물체도를 통한 BMD, SFD 산정

1) 하중조건에 의한 고정단 모멘트 산정

모멘트 분배법은 2차원 해석방법이므로 3차원 구조 모델의 하중을 2차원 하중으로 변환하는 과정이 우선 필요하다. X1 골조의 G_{21}와 G_{R1}에 작용하는 하중은 다음과 같다.

① G_{21}에 작용하는 집중하중(2층 거더)

[그림 2.12]의 슬래브 하중은 작은 보 B_{21}로 전달되고, B_{21}의 하중은 각 단부에서 G_{21}로 전달된다. 또한 G_{21}의 하중은 양단부에 있는 기둥 C_1과 C_2로 전달되며, 이 하중은 최종적으로 기초로 전달된다.

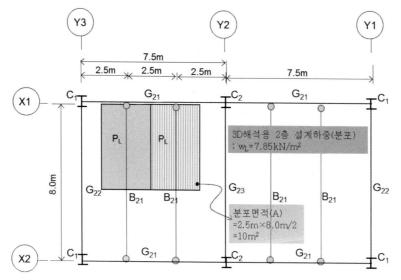

[그림 2.12] G_{R1}의 바닥분담면적과 적재하중(2층)

〈중력하중의 전달 경로〉

B_{21}(Beam)　　　　　　: 상부의 바닥하중을 지지한다.

　↓

G_2 (Girder)　　　　　　: B_{21}로부터 집중하중이 전달된다.

　　　　　　　　　　　　(핀접합이므로 모멘트는 발생되지 않는다.)

C_1, C_2 (Column)　　　: G_{21}의 하중을 부담한다.

　↓

기초

　　G_{21}에 작용하는 집중하중은 B_{21}의 분담면적의 반이다. 따라서 분담면적은 $10m^2$이며, 여기에 작용하는 바닥하중은 $7.85kN/m^2$ 이므로 ([표 2.3]), 아래 그림에서 G_{21}에 전달되는 집중하중은 $7.85kN$ 이다.

　　2층: $P = A \times \omega = 10\,m^2 \times 7.85kN/m^2 = 7.85kN$

　　여기서 ω는 [표 2.3]의 설계하중조합의 2층 바닥하중을 나타내며, A는 2차원 해석시 B_{21}에서 G_{21}로 전달되는 하중의 유효면적을 나타낸다([그림 2.12] 참조).

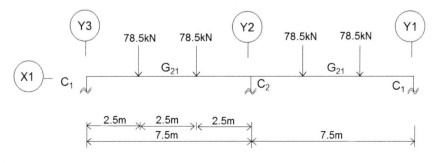

[그림 2.13] 모멘트 분배법을 위한 하중 산정(2층)

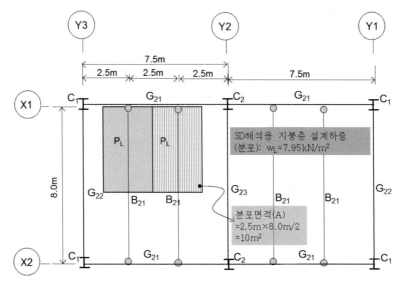

[그림 2.14] G_{R1}의 바닥분담면적과 적재하중(지붕층)

② G_{21}에 작용하는 집중하중(지붕층 거더)

[그림 2.14]의 슬래브 하중은 작은 보 B_{R1}으로 전달되고, B_{R1}의 하중은 각 단부에서 G_{R1}으로 전달된다. 또한 G_{R1}의 하중은 양단부에 있는 기둥 C_1과 C_2로 전달되며, 이 하중은 최종적으로 기초로 전달된다([그림 2.10]).

G_{R1}에 작용하는 집중하중은 B_{R1}의 분담면적의 반이다. 따라서 각각의 절점을 통해 전달되는 하중의 면적은 $10m^2$이며, 여기에 작용하는 바닥하중은 $7.95kN/m^2$이다[표 2.3]. 지붕층 집중하중은 다음과 같다.

지붕층: $P = A \times \omega = 10m^2 \times 7.95kN/m^2 = 7.95kN$

7.95k의 집중하중이 아래 그림과 같이 G_{R1}에 작용한다.

③ 고정단 모멘트 산정(2층, 지붕층)

모멘트 분배법에서 고정단 모멘트는 보의 양단부가 고정단 조건일 때, 부재 양단부에 발생하는 모멘트를 말한다. 2층과 지붕층의 Y2-Y3 위치의 거더 G_{21}와 G_{R1} ([그림 2.12], [그림 2.14])에 작용하는 고정단 모멘트는 ①과 ②에서 구한 집중하중을 다음 식에 대입하여 산정한다.

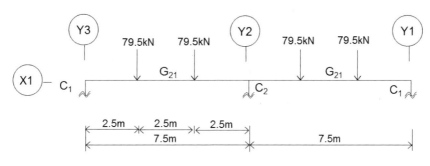

[그림 2.15] 모멘트 분배법을 위한 하중 산정(지붕층)

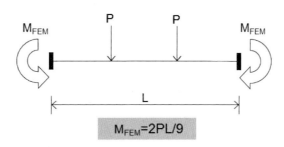

[그림 2.16] 집중하중을 받는 경우 고정단 모멘트

고정단 모멘트의 산정 식은 [부록 F]를 참조하였고, 2층과 지붕층에 작용하는 고정단 모멘트는 다음과 같다.

• 2층: $M_{FEM} = \dfrac{2}{9} \times 7.85\text{kN} \times 7.5\text{m}$

$$= 130.8\text{kN} \cdot \text{m}$$

- 지붕층: $M_{FEM} = \dfrac{2}{9} \times 7.95\text{kN} \times 7.5\text{m}$

$$= 132.5\text{kN} \cdot \text{m}$$

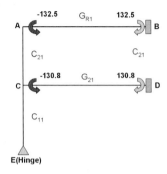

[그림 2.17] 고정단 모멘트

2) 강성(k_{AB}) 산정

X1 골조의 경우 [그림 2.18]과 같이 하중이 대칭으로 작용하고, 구조형상 및 경계조건도 대칭이므로, 모멘트 분배법 적용 시 대칭을 이루는 반만 모델링하면 된다. 이때 내부 기둥에서는 양쪽 거더에 의해 전달되는 모멘트가 서로 상쇄되어 변형이 일어나지 않으므로 경계조건을 고정단으로 모델링한다.

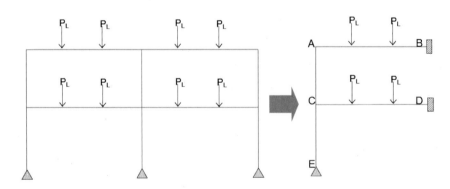

[그림 2.18] X1 골조의 구조 모델링의 간략화

- 보-기둥 접합 방법

일반적으로 강구조 접합부의 접합형식은 접합부의 회전에 대한 구속 정도에 따라 단순접합simple connection, 반강접합semirigid connection, 강접합rigid connection으로 분류된다.

　단순접합은 접합부 회전이 자유롭고 유연flexible하여 모멘트 저항 없이 전단력만을 저항하는 접합방법으로 전단접합이라고도 한다. 일반적으로 거더와 작은 보의 접합에 이용되며, [그림 2.19]의 작은 보 B_{21}이 거더 G_{21}에 사용된 접합이다.

[그림 2.19]
강접합(모멘트 접합)

　강접합은 접합부에 회전이 발생하지 않거나 완전한 모멘트 저항을 갖는 접합으로 모멘트 접합이라고도 한다. 주로 기둥과 거더의 접합에 이용되며, [그림 2.20]의 거더 G_{23}이 기둥 C_2에 사용된 접합이다. 그리고 반강접합은 접합부의 모멘트 저항이 강접합과 단순접합의 중간 형태인 접합을 말한다.

　반대편 단부가 강접합된 부재 절점에서의 강성剛性은 $k_{AB} = 4EI/L$이며, 철골 부재이므로 $E_g = 205{,}000\text{MPa}$(철골 부재)다. 따라서 강성은 부재길이와 단면2차모멘트에 의하여 산정된다.

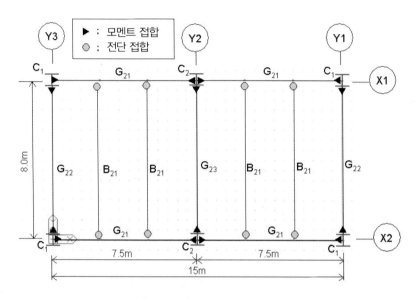

[그림 2.20] 보-기둥 접합

강성 산정에 사용될 단면2차모멘트를 결정하기 위해서는 설계된 H형강의 저항축에 대한 고려가 필요하다.

[그림 2.21]에서 X1 골조는 기둥이 모두 약축으로 저항하고 있다. [그림 2.21] 과 같이 기둥 C_2는 약축으로 저항하고, 거더 G_{21}은 강축으로 저항한다. [표 2.1] 로부터 기둥의 단면2차모멘트는 약축 값인 $9,940 \text{cm}^4$를 사용한다. 한편 거더 G_{21}, G_{R1}은 강축에 대한 단면2차모멘트 값인 $13,600 \text{cm}^4$를 사용한다.

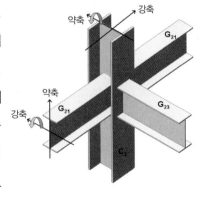

[그림 2.21] 보-기둥 접합 상세

모멘트 분배법을 이용하기 위해서는 절점번호가 필요하므로, [그림 2.22]와 같이 표기하였다. 또한 강성 산정시 다른 단端이 힌지인 경우에는 0.75를 추가로 곱하고, 이 경우에는 힌지단에서 반대 단부로 모멘트가 전달되지 않는다.

- 부재 AB: $k_{AB} = k_{BA} = \dfrac{4EI}{L} = \dfrac{4 \times 13,600\,\text{cm}^4\text{E}_s}{750\text{cm}} = 36E_s$

- 부재 AC: $k_{AC} = k_{CA} = \dfrac{4 \times 9,940\,\text{cm}^4\text{E}_s}{360\text{cm}} = 55E_s$

- 부재 CD: $k_{CD} = k_{DC} = \dfrac{4 \times 13,600\,\text{cm}^4\text{E}_s}{750\text{cm}} = 36E_s$

- 부재 CE: $k_{CE} = (0.75)\dfrac{4 \times 9,940\,\text{cm}^4\text{E}_s}{400\text{cm}} = 37E_s$

3) 분배율Distribution Factor 산정

절점 모멘트는 절점을 이루는 부재들의 강성비에 따라 분배된다. 모멘트 분배율을 절점별로 구하면 다음과 같다.

① 절점 A

- 절점 A에서 부재 AB의 분배율 :

$$DF_{AB} = \frac{k_{AB}}{k_{AB} + k_{AC}}$$
$$= \frac{36E_s}{36E_s + 55E_s} = 0.396$$

- 절점 A에서 부재 AC의 분배율 :

$$DF_{AC} = \frac{k_{AC}}{k_{AB} + k_{AC}}$$
$$= \frac{55E_s}{36E_s + 55E_s} = 0.604$$

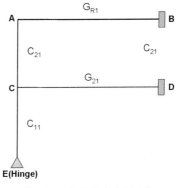

[그림 2.22] 해석 절점과 부재

② 절점 C

• 절점 C에서 부재 CA의 분배율 :

$$DF_{CA} \;=\; \frac{k_{CA}}{k_{CA}+k_{CD}+k_{CE}} \;=\; \frac{55E_s}{55E_s+36E_s+37E_s} \;=\; 0.429$$

• 절점 C에서 부재 CE의 분배율 :

$$DF_{CE} \;=\; \frac{k_{CD}}{k_{CA}+k_{CD}+k_{CE}} \;=\; \frac{36E_s}{55E_s+36E_s+37E_s} \;=\; 0.282$$

• 절점 C에서 부재 CD의 분배율 :

$$DF_{CE} \;=\; \frac{k_{CD}}{k_{CA}+k_{CD}+k_{CE}} \;=\; \frac{36E_s}{55E_s+36E_s+37E_s} \;=\; 0.282$$

③ 절점 B, D

고정단이므로 타 단으로부터 하중을 전달받으나 전달하지는 않는다.

④ 절점 E

힌지단으로 강성 산정 시 0.75를 곱한 강성값을 사용하였으므로, 타 단으로부터 모멘트를 전달받지도, 전달하지도 않는다.

4) 모멘트 분배

아래 모멘트 분배에서 D1은 1회 분배 모멘트, C1은 1회 전달 모멘트를 나타내며, 앞 절에서 산정한 고정단 모멘트, 강성, 분배율에 따라 계산하면 다음과 같다.

모멘트 분배법은 절점의 모멘트를 분배율로 분할하고, 타 단으로 전달하는 과정을 반복하여 부재의 단부 모멘트를 얻는 방법으로 [그림 2.23]에서 이 과

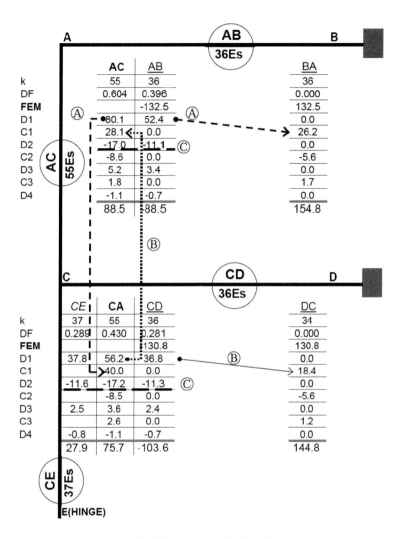

[그림 2.23] X1 골조의 모멘트 분배

정을 절점 A를 중심으로 첫 번째 과정을 설명하면 다음과 같다.

1)에서 구한 고정단 모멘트(FEM)와 2)에서 구한 강성(k)을 바탕으로 3)의
분배율(DF)을 X1 골조에 [그림 2.23]과 같이 기입한다.

Ⓐ 절점 A의 부재 AB 단부에는 고정단 모멘트 $-132.5\mathrm{kN} \cdot \mathrm{m}$이 발생한다. 이 값을 분배율로 분배하면 부재 AB에는 $52.4\mathrm{kN} \cdot \mathrm{m}$, 부재 AC에는 $80.1\mathrm{kN} \cdot \mathrm{m}$의 모멘트가 발생한다. 분배 모멘트를 각 부재의 타단으로 전달하면 부재 AB의 B절점에 $26.2\mathrm{kN} \cdot \mathrm{m}$, 부재 AC의 B절점에 $40.0\mathrm{kN} \cdot \mathrm{m}$이 전달된다.

Ⓑ 절점 C의 부재 CD 단부의 고정단 모멘트 $-130.8\mathrm{kN} \cdot \mathrm{m}$가 발생한다. 이 값을 분배율로 분배하면 부재 CA에는 $56.2\mathrm{kN} \cdot \mathrm{m}$, 부재 CD에는 $36.8\mathrm{kN} \cdot \mathrm{m}$, 부재 CD에는 $37.8\mathrm{kN} \cdot \mathrm{m}$의 모멘트가 발생한다. 분배 모멘트를 각 부재의 타 단으로 전달하면 부재 CA의 A절점에 $28.1\mathrm{kN} \cdot \mathrm{m}$, 부재 CD의 D절점에 $18.4\mathrm{kN} \cdot \mathrm{m}$이 전달된다.

Ⓒ 절점 C에서 부재 CA의 A절점으로 전달된 $28.1\mathrm{kN} \cdot \mathrm{m}$을 다시 분배율로 나누면 부재 AB에는 $-11.1\mathrm{kN} \cdot \mathrm{m}$, 부재 AC에는 $-17.0\mathrm{kN} \cdot \mathrm{m}$이다.

Ⓐ, Ⓑ, Ⓒ를 분배 모멘트가 거의 같아질 때까지 반복하면 모멘트 분배법이 완료된다.

5) 휨모멘트도, 전단력도 산정

① 부재 AB의 휨모멘트 및 전단력 산정

• 자유물체도

1)의 지붕층의 집중하중([그림 2.15])과 부재 AB의 단부 모멘트([그림 2.23])를 조합하여 자유물체도를 구성하면 [그림 2.24]와 같다.

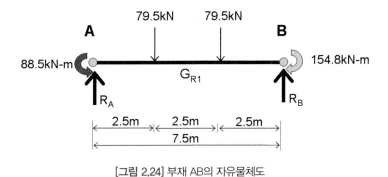

[그림 2.24] 부재 AB의 자유물체도

• 힘의 평형 방정식

$$\sum V = R_A + R_B - 79.5\text{kN} - 79.5\text{kN} = 0$$

$$\sum M_A (\text{시계방향} :+) = -88.5\text{kN} \cdot \text{m} + 79.5\text{kN} \times 2.5\text{m} + 79.5\text{kN} \times 5\text{m}$$

$$+ 154.8\text{kN} \cdot \text{m} - R_B \times 7.5\text{m} = 0$$

따라서 R_B는 88.3kN이고, R_A는 70.7kN이다.

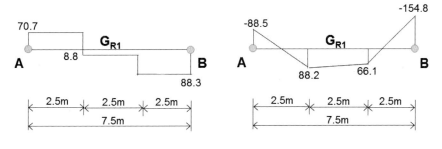

[그림 2.25] 부재 AB의 전단력도(단위: kN)   [그림 2.26] 부재 AB의 휨모멘트도(단위: kN · m)

이를 토대로 휨모멘트도Bending Moment Diagram: BMD, 전단력도Shear Force Diagram: SFD를 그리면 다음과 같다.

② 휨모멘트도 및 전단력도 산정

위의 모멘트 분배를 정리하면 다음과 같고, 휨모멘트도는 [그림 2.27]과 같다.

$$M_{AB} = -88.5\text{kN} \cdot \text{m (CCW)}$$

$$M_{AC} = 88.5\text{kN} \cdot \text{m (CW)}$$

$$M_{CA} = 75.7\text{kN} \cdot \text{m (CW)}$$

$$M_{CD} = -103.6\text{kN} \cdot \text{m (CCW)}$$

$$M_{CE} = 27.9\text{kN} \cdot \text{m (CW)}$$

$$M_{BA} = 154.8\text{kN} \cdot \text{m (CW)}$$

$$M_{DC} = 144.8\text{kN} \cdot \text{m (CW)}$$

$$M_{EC} = 0.0\text{kN} \cdot \text{m}$$

단 CW: 시계방향, CCW: 반시계방향

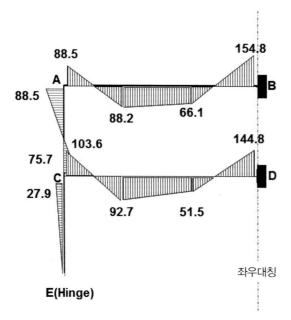

[그림 2.27]
X1 골조의 휨모멘트도

6) 기둥의 축력 산정

① 기둥의 분담면적 산정

기둥의 축력은 각 기둥이 지지하고 있는 분담면적과 이 분담면적에 작용하는 설계하중을 곱하여 산정할 수 있다. 2층과 지붕층의 평면과 기둥배치가 동일하므로 각 기둥의 분담면적은 2층과 지붕층이 동일하다. 따라서 지붕층에 대하여 분담면적을 산정하였다.

• 지붕층 C_1의 분담면적

[그림 2.28]의 바닥면적 A_1에 작용하는 하중은 작은 보 B_{R1} (으)로 전달되고, B_{R1}의 단부에서 G_{R1} (으)로 전달된다. 또한 G_{R1}에서 기둥 C_1으로 전달된다. 또한 바닥면적 A_2는 G_{R2}으로 전달되고, G_{R2}에서 기둥 C_1으로 전달된다. 바닥면적은 A_1은 $10m^2$이고, A_2는 $5m^2$이므로 C_1의 분담면적은 $15m^2$이다.

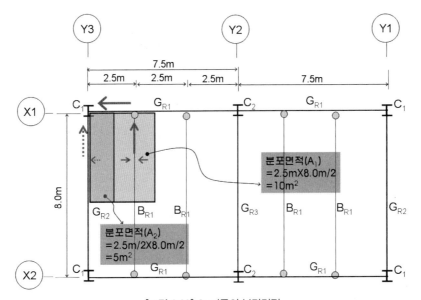

[그림 2.28] C_1 기둥의 분담면적

• 지붕층 C_2의 분담면적

[그림 2.28]의 바닥면적 B_1에 작용하는 하중은 작은 보 B_{R1} (으)로 전달되고, B_{R1}의 단부에서 G_{R1}으로 전달된다. 또한 기둥 C_2 좌우에서 G_{R1}에서 기둥 C_2로 전달된다. 또한 바닥면적 B_2는 G_{R3}으로 전달되고, G_{R3}에서 기둥 C_2로 전달된다. 바닥면적은 B_1은 $10m^2$이고, B_2는 $10m^2$이므로 C_2의 분담면적은 $30m^2$이다.

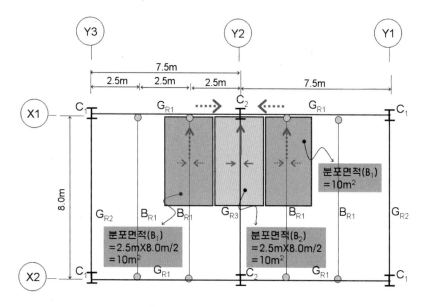

[그림 2.29] C_2 기둥의 분담면적

② 기둥의 축력 산정

기둥의 축력은 각 기둥이 지지하고 있는 분담면적과 표 2.3의 각 층별 설계하중을 곱하여 산정할 수 있다. 2층 기둥은 지붕층과 2층 분담면적을 모두 저항하므로 축력 산정 시 누적되어야 한다.

표 2.3 허용응력설계법 설계하중조합에 따른 바닥하중(kN/m²)

	D + L
2층	7.85
지붕층	7.95

• C_1 기둥

C_1 기둥의 축력은 분담면적 15m²에 각 층의 설계하중을 곱하여 산정된다.

· 지붕층: $P = A \times \omega = 15\,m^2 \times 7.95kN/m^2 = 119.3kN$

· 2층:　　$P = A \times \omega = 15\,m^2 \times 7.85kN/m^2 = 117.8kN$

지붕층 C_1 기둥은 119.3kN의 축력이 작용하고, 2층 C_1 기둥은 2층과 지붕층 축력을 합한 237.1kN이 작용한다.

• C_2 기둥

C_2 기둥의 축력은 분담면적 30m²에 각 층의 설계하중을 곱하여 산정된다.

· 지붕층: $P = A \times \omega = 30\,m^2 \times 7.95kN/m^2 = 238.5kN$

· 2층:　　$P = A \times \omega = 30\,m^2 \times 7.85kN/m^2 = 235.5kN$

지붕층 C_2 기둥은 238.5kN의 축력이 작용하고, 2층 C_2 기둥은 2층과 지붕층 축력을 합한 474kN이 작용한다.

(5) 상용 프로그램을 이용한 해석법

상용 프로그램은 MIDAS를 사용하였다. 허용응력설계법과 한계상태설계법에 대한 설계를 위해서 사용되는 하중조합이 다르지만 다음과 같은 동일

[그림 2.30] 층별 고정 및 적재 바닥하중(단위: kN/m²)

한 순서로 해석을 수행하였다.

1) 재료 물성 및 단면 입력

2) 절점 및 부재 입력

3) 경계조건 입력

4) 하중 입력

5) 해석

1) 허용응력설계법

허용응력설계법에 대한 설계하중조합은 [표 2.3]의 바닥하중을 적용하면 [그림 2.28]와 같은 집중하중으로 치환된다. 이 집중하중에 대하여 해석하면 X1 골조에 대한 휨모멘트도, 전단력도, 축력도Axial Force Diagram: AFD는 [그림 2.31]에서 [그림 2.34]와 같다.

2.2.1 (3)절에 의한 설계하중조합에 대한 집중하중은 [그림 2.13]와 [그림 2.15]로 각각 79.5kN(지붕층)과 78.5kN(2층)이다.

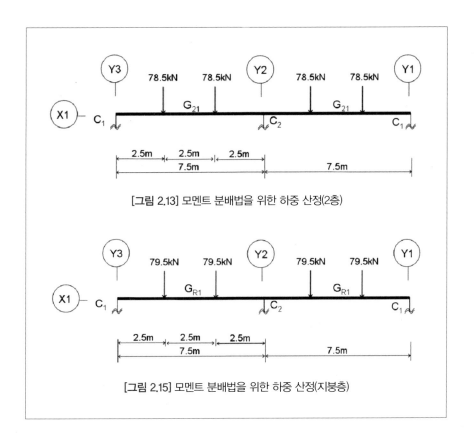

[그림 2.13] 모멘트 분배법을 위한 하중 산정(2층)

[그림 2.15] 모멘트 분배법을 위한 하중 산정(지붕층)

MIDAS에 의한 허용응력설계를 위한 하중조합(D+L)에 의한 집중하중은 [그림 2.31]과 [그림 2.32]로부터 지붕층은 79.5kN(59.5kN(D)+20.0kN(L))과 2층은 78.5kN(53.5kN(D)+25.0kN(L))이다.

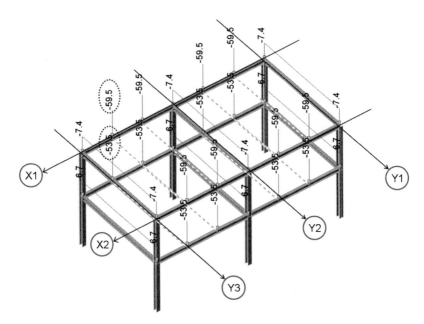

[그림 2.31] 고정하중(D)에 대한 집중하중(단위: kN)

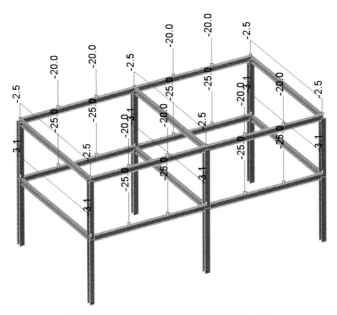

[그림 2.32] 활하중(L)에 의한 집중하중(단위: kN)

수계산에 의한 모멘트 결과는 [그림 2.27]과 같으며, 이 값은 MIDAS 계산 결과인 [그림 2.33]에 거의 근사함을 알 수 있다.

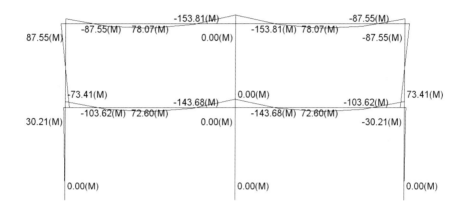

[그림 2.33] X1 골조의 설계하중조합 LCB1 (D + L)에 의한 BMD(단위: kN/m)

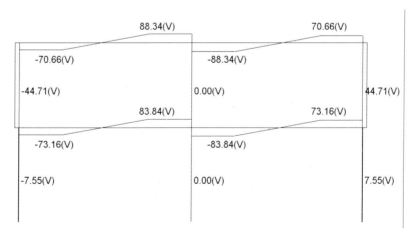

[그림 2.34] X1 골조의 설계하중조합 LCB1 (D + L)에 의한 SFD(단위: kN)

수계산에 따른 축력은 2층 C_1 기둥은 237.1kN, 2층 C_2 기둥은 474kN 이 작용한다. 수계산에 의한 2층 전체 축력은 948.2kN이다. 반면 MIDAS

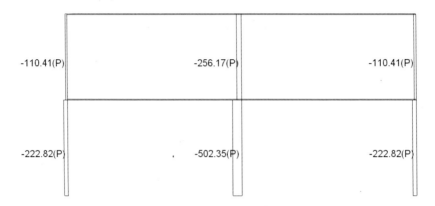

[그림 2.35] X1 골조의 설계하중조합 LCB1(D+L)에 의한 AFD(단위: kN)

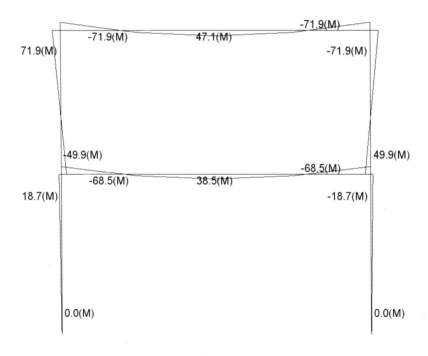

[그림 2.36] Y2 골조의 설계하중조합 LCB1(D+L)에 의한 BMD(단위: kN·m)

에 따른 축력은 [그림 2.35]와 같이 2층 C_1 기둥은 222.82kN, 2층 C_2 기둥은 502.35kN이며, 2층 전체 축력은 948kN이다. 각 기둥의 축력 값은 차이가 있으나, 전체 축력은 같다. 이는 [그림 2.33]과 같이 단부의 모멘트가 작고 중앙부 모멘트가 다르기 때문에 거더의 전단력이 각 기둥에 면적비와는 다르게 전달되기 때문이다. 앞서 수작업으로 산정한 기둥 축력과 해석 프로그램의 결과를 비교하기 위하여 [그림 2.35]에서는 기둥의 자중을 고려하지 않았다. [그림 2.38]에서는 골조의 자중을 포함하여 축력을 산정하였다.

　Y2 골조에 대한 휨모멘트도, 전단력도, 축력도는 [그림 2.36]에서 [그림 2.38]과 같다.

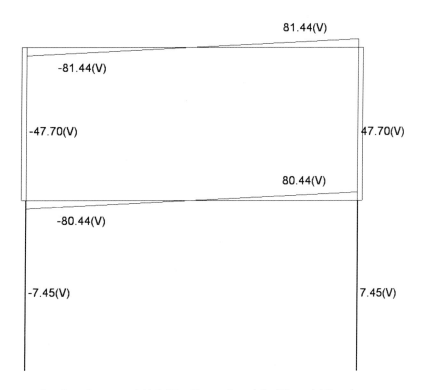

[그림 2.37] Y2 골조의 설계하중조합 LCB1 (D + L)에 의한 SFD(단위: kN)

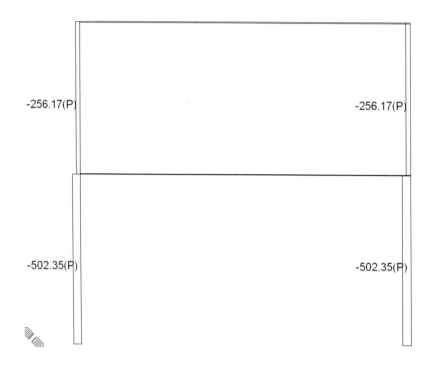

[그림 2.38] Y2 골조의 설계하중조합 LCB1 (D + L)에 의한 AFD(단위:kN)

전체 골조에 대한 휨모멘트도, 전단력도, 축력도는 [그림 2.39]에서 [그림 2.41]과 같다.

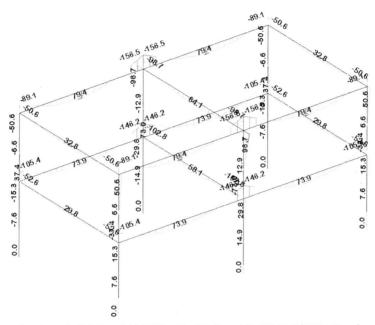

[그림 2.39] 전체 골조의 설계하중조합 LCB1 (D + L)에 의한 BMD(단위: kN · m)

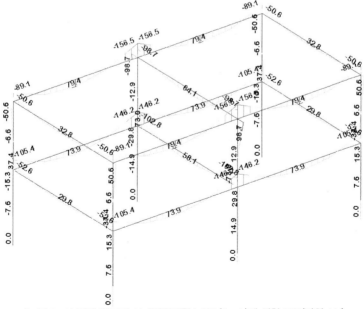

[그림 2.40] 전체 골조의 설계하중조합 LCB1 (D + L)에 의한 SFD(단위: kN)

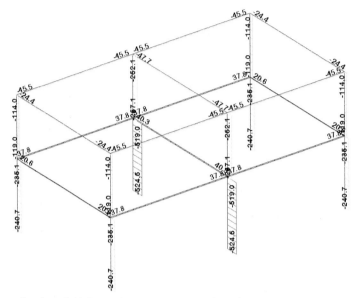

[그림 2.41] 전체 골조의 설계하중조합 LCB1 (D + L)에 의한 AFD(단위: kN)

본 설계에서는 [그림 2.37]의 G_{23}([표 2.5])와 C_{12}([표 2.6])에 대하여 3장에서 부재설계를 한다. 이때 하중조합 중 가장 큰 값(음영 표시)을 사용한다.

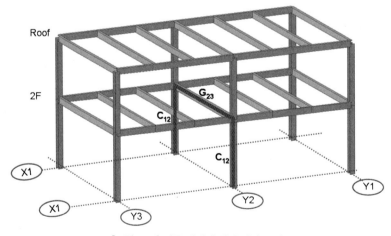

[그림 2.42] 건물 내에서 설계 대상 부재

표 2.5 보 부재의 하중조합에 대한 부재력

부재명	위치	하중조합: LCB1 (D + L)	
		Shear−z (kN)	Moment−y (kN · m)
G_{21}	i	−74.89	−105.42
G_{21}	half	5.44	73.86
G_{21}	j	85.76	−146.19
G_{22}	i	−41.19	−52.63
G_{22}	half	0.00	29.76
G_{22}	j	41.19	−52.63
G_{23}	i	−80.44	−102.77
G_{23}	half	0.00	58.11
G_{23}	j	80.44	−102.77
G_{R1}	i	−72.34	−89.05
G_{R1}	half	8.99	79.42
G_{R1}	j	90.31	−156.45
G_{R2}	i	−41.69	−50.55
G_{R2}	half	0.00	32.84
G_{R2}	j	41.69	−50.55
G_{R3}	i	−81.44	−98.74
G_{R3}	half	0.00	64.14
G_{R3}	j	81.44	−98.74

표 2.6 기둥 부재의 하중조합에 대한 부재력

부재명	위치	하중조합: LCB1 (D + L)				
		Axial (kN)	Shear-y (kN)	Shear-z (kN)	My (kN·m)	Mz (kN·m)
C_{11}	j	−240.69	−7.68	3.81	0.00	0.00
C_{11}	half	−237.91	−7.68	3.81	0.00	−7.63
C_{11}	j	−235.12	−7.68	3.81	0.00	−15.26
C_{12}	j	−524.60	0.00	7.45	0.00	0.00
C_{12}	half	−521.82	0.00	7.45	0.00	−14.89
C_{12}	j	−519.04	0.00	7.45	0.00	−29.79
C_{21}	j	−119.04	−45.48	24.42	0.00	37.37
C_{21}	half	−116.54	−45.48	24.42	0.00	−6.59
C_{21}	j	−114.03	−45.48	24.42	0.00	−50.55
C_{22}	j	−267.07	0.00	47.70	0.00	72.98
C_{22}	half	−264.57	0.00	47.70	0.00	−12.88
C_{22}	j	−262.06	0.00	47.70	0.00	−98.74

2) 한계상태설계법

한계상태설계법에 대한 설계하중조합은 [표 2.4]의 바닥하중을 적용하면 [그림 2.34]와 같은 집중하중으로 치환된다. 이 집중하중에 대하여 해석하면 휨모멘트도, 전단력도, 축력도는 다음과 같다.

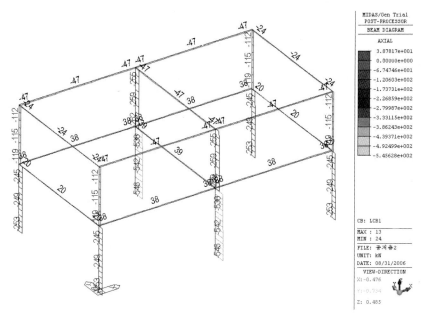

[그림 2.43] 전체 골조의 설계하중조합 LCB1 (1.4D)에 의한 AFD

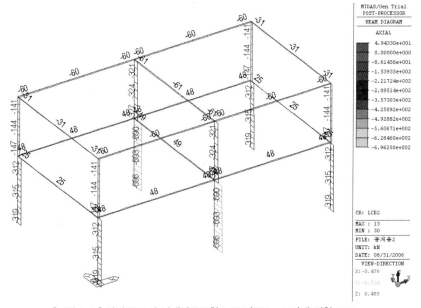

[그림 2.44] 전체 골조의 설계하중조합 LCB2 (1.2D + 1.6L)에 의한 AFD

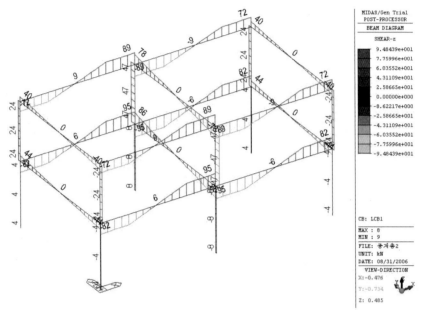

[그림 2.45] 전체 골조의 설계하중조합 LCB1 (1.4D)에 의한 SFD

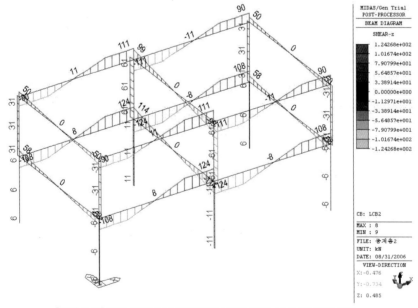

[그림 2.46] 전체 골조의 설계하중조합 LCB2 (1.2D + 1.6L)에 의한 SFD

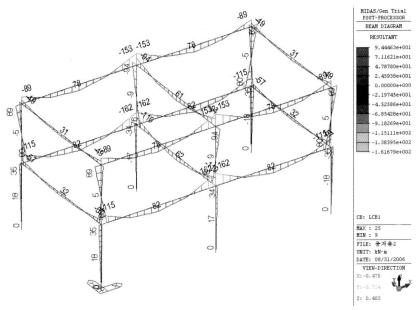

[그림 2.47] 전체 골조의 설계하중조합 LCB1 (1.4D)에 의한 BMD

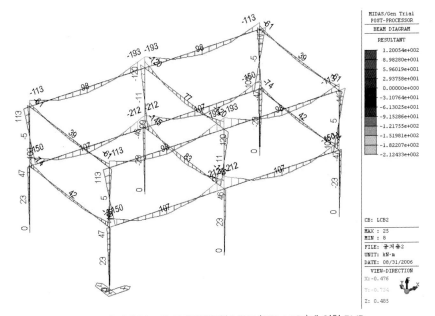

[그림 2.48] 전체 골조의 설계하중조합 LCB2 (1.2D + 1.6L)에 의한 BMD

각 하중조합에 의한 결과 중에 가장 큰 값을 부재설계에 사용하게 되며, 본 설계에서는 [표 2.2]와 같이 LCB1과 LCB2 중 큰 값을 설계부재력으로 결정하였다. 주로 LCB2가 지배한다. 본 설계에서는 [그림 2.37]의 G_{23}([표 2.7])와 C_{12}([표 2.8])에 대하여 3장에서 부재설계를 한다. 이때 하중조합 중 가장 큰 값(음영 표시)을 사용한다.

표 2.7 보 부재의 하중조합에 대한 부재력

부재명	위치	하중조합: LCB1 (1.4D)		하중조합: LCB2 (1.2D + 1.6L)		설계하중 Max(LCB1,LCB2)	
		Shear-z (kN)	Moment-y (kN·m))	Shear-z (kN)	Moment-y (kN·m)	Shear-z (kN)	Moment-y (kN·m)
G_{21}	i	−82.3	−114.7	−107.6	−149.8	−107.6	−149.8
G_{21}	half	6.3	81.7	8.4	107.3	8.4	107.3
G_{21}	j	94.8	−161.7	124.3	−212.4	124.3	−212.4
G_{22}	i	−44.4	−56.5	−58.0	−73.8	−58.0	−73.8
G_{22}	half	0.0	32.2	0.0	42.2	0.0	42.2
G_{22}	j	44.4	−56.5	58.0	−73.8	58.0	−73.8
G_{23}	i	−86.0	−109.6	−113.7	−144.7	−113.7	−144.7
G_{23}	half	0.0	62.5	0.0	82.8	0.0	82.8
G_{23}	j	86.0	−109.6	113.7	−144.7	113.7	−144.7
G_{R1}	i	−71.6	−88.9	−90.1	−112.7	−90.1	−112.7
G_{R1}	half	8.6	77.8	10.7	97.8	10.7	97.8
G_{R1}	j	88.7	−153.2	111.4	−192.6	111.4	−192.6
G_{R2}	i	−40.2	−48.9	−50.4	−61.4	−50.4	−61.4
G_{R2}	half	0.0	31.5	0.0	39.4	0.0	39.4
G_{R2}	j	40.2	−48.9	50.4	−61.4	50.4	−61.4

G_{R3}	i	−77.6	−94.5	−98.5	−120.1	−98.5	−120.1
G_{R3}	half	0.0	60.8	0.0	77.0	0.0	77.0
G_{R3}	j	77.6	−94.5	98.5	−120.1	98.5	−120.1

표 2.8 기둥 부재의 하중 조합에 대한 부재력

부재명	위치	하중조합: LCB1 (1.4D)					하중조합: LCB2 (1.2D + 1.6L)				
		Axial (kN)	Shear−y (kN)	Shear−z (kN)	My (kN·m)	Mz (kN·m)	Axial (kN)	Shear−y (kN)	Shear−z (kN)	My (kN·m)	Mz (kN·m)
C_{11}	j	−253.3	−8.8	−4.4	0.0	0.0	−318.8	−11.7	−5.8	0.0	0.0
C_{11}	half	−249.4	−8.8	−4.4	8.7	17.6	−315.5	−11.7	−5.8	11.6	23.4
C_{11}	j	−245.5	−8.8	−4.4	17.5	35.2	−312.1	−11.7	−5.8	23.3	46.7
C_{12}	j	−545.6	0.0	−8.5	0.0	0.0	−696.3	0.0	−11.4	0.0	0.0
C_{12}	half	−541.7	0.0	−8.5	16.9	0.0	−692.9	0.0	−11.4	22.8	0.0
C_{12}	j	−537.8	0.0	−8.5	33.9	0.0	−689.6	0.0	−11.4	45.7	0.0
C_{21}	j	−118.8	−46.8	−24.4	−39.1	−79.5	−146.5	−60.0	−31.1	−50.6	−103.1
C_{21}	half	−115.3	−46.8	−24.4	4.9	4.7	−143.5	−60.0	−31.1	5.4	4.8
C_{21}	j	−111.8	−46.8	−24.4	48.9	88.9	−140.5	−60.0	−31.1	61.4	112.7
C_{22}	j	−262.1	0.0	−47.3	−75.7	0.0	−327.3	0.0	−60.9	−99.0	0.0
C_{22}	half	−258.6	0.0	−47.3	9.4	0.0	−324.3	0.0	−60.9	10.5	0.0
C_{22}	j	−255.1	0.0	−47.3	94.5	0.0	−321.3	0.0	−60.9	120.1	0.0

2.2.2 철근콘크리트 구조설계를 위한 구조해석

(1) 구조해석 모델링

2.1절의 설계 기본 사항을 바탕으로 철근콘크리트구조로 설계하고자 한

다. 철근콘크리트구조에서 콘크리트 슬래브를 사용하는 경우 일반적으로 거푸집을 사용한다. 콘크리트구조에서 사용할 수 있는 슬래브는 장변 길이에 대한 단면 길이의 비가 2 이상이면 이방향 슬래브, 2 이하면 일방향 슬래브로 구분한다. 일방향 슬래브냐 이방향 슬래브냐에 따라 힘을 전달하는 방법이 달라지므로 설계하는 방법이 서로 다르다. 따라서 Y1-Y2의 간격이 7.5m이므로 작은 보를 하나 넣으면 일방향 슬래브가 되고, 작은 보가 없으면 이방향 슬래브가 된다. [그림 2.49]와 같이 Y1-Y2 사이에 1개의 작은 보 B_1을 설치하였다.

[그림 2.49] 철근콘크리트 구조 모델링(3차원)

(2) 단면 가정(X,Y 방향)

보와 슬래브의 최소 두께는 건축구조기준(2009) [표 0504.3.1.1]을 이용하였다. [그림 2.50]을 보면 슬래브는 일방향 슬래브이고, X방향 보의 길이는 7.5m, Y방향 보의 길이는 8m이다.

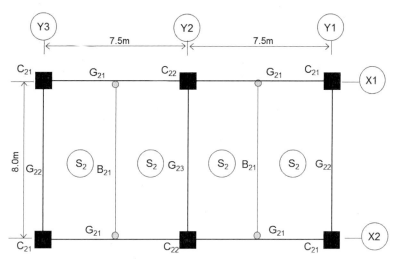

[그림 2.50] 설계 예제 평면(2층)

부재	최소두께, h			
	단순지지	1단 연속	양단 연속	캔틸레버
	큰 처짐에 의해 손상되기 쉬운 칸막이벽이나 기타 구조물을 지지 또는 부착하지 않은 부재			
-1방향 슬래브	1/20	1/24	1/28	1/10
-보 -리브가 있는 1방향 슬래브	1/16	1/18.5	1/21	1/8

이 표의 값은 보통 콘크리트(W_c = 2,300 kg/m³)와 설계기준항복강도 400N/mm² 철근을 사용한 부재에 대한 값이며 다른 조건에 대해서는 그 값을 다음과 같이 수정하여야 한다.
① 1,500~2,000 kg/m³ 범위의 단위질량을 갖는 구조용 경량콘크리트에 대해서는 계산된 h값에 (1.65-0.00031W_c)를 곱해야 하지만 1.09보다 작지 않아야 한다.
② F_y가 400MPa 이외인 경우는 계산된 h 값에 (0.43+ f_y/700)를 곱하여야 한다.

- 슬래브: $l/24$ = 3,750mm/24 = 156mm (1단 연속)

- X방향 보: $l/24$ = 7,500mm/18.5 = 405mm (1단 연속)

- Y방향 보: $l/24$ = 8,000mm/16 = 500mm (단순 지지)

슬래브는 두께 150mm를, Y방향 보는 500×300을 사용하였다. X방향 거더는 계산상 춤을 400mm로 가정해도 상관없지만 Y방향 보가 직각으로 접합되므로 춤을 500mm를 사용하여 500×250으로 가정하였다. 또한 모든 기둥은 300×300으로 가정하였다.

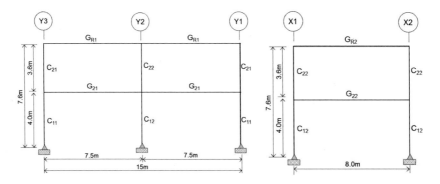

[그림 2.51] 철근콘크리트 해석을 위한 모델링(X1 골조)   [그림 2.52] 설계 예제 단면도(Y1 골조)

표 2.9 부재 및 단면성능 리스트

부재 및 단면성능		단면2차모멘트(cm⁴)	
		Ix	Iy
G_{21}, G_{R1}, B_{21}, B_{R1}	500×300	312,500	112,500
G_{22}, G_{23}, G_{R2}, G_{R3}	500×250	260,416	65,104
C_{11}, C_{21}, C_{21}, C_{22}	300×300	67,500	67,500

단, 부재명 밑의 첨자는 다음을 의미한다.

G_{21}
→ 부재 번호
→ 층을 나타냄(2, R)
→ 부재 종류(C, G,B) : 2층의 1번 거더

(3) 설계하중과 하중조합

1) 구조설계용 하중

각 층별 바닥 슬래브의 고정하중 산정을 위해 일반적으로 적용되는 슬래브의 단면을 사용하였으며, 각 층의 단면과 그에 따른 하중 값은 아래와 같다.

① 2층 바닥하중

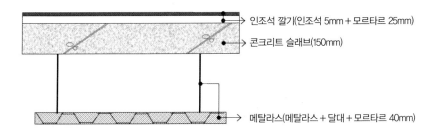
→ 인조석 깔기(인조석 5mm + 모르타르 25mm)
→ 콘크리트 슬래브(150mm)
→ 메탈라스(메탈라스 + 달대 + 모르타르 40mm)

[그림 2.53] 지붕층 사무소 고정하중 구성조

고정하중	바닥(인조석 깔기)		0.60
	콘크리트 슬래브	t=150mm	3.60
	천장(메탈라스)		0.95
	합계		5.15 kN/m^2
활하중	(표 1.2 참조)		2.50 kN/m^2

② 지붕층 바닥하중

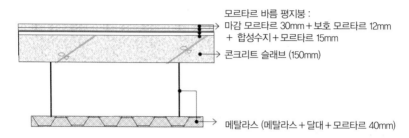

모르타르 바름 평지붕 :
마감 모르타르 30mm + 보호 모르타르 12mm
+ 합성수지 + 모르타르 15mm

콘크리트 슬래브 (150mm)

메탈라스 (메탈라스 + 달대 + 모르타르 40mm)

[그림 2.54] 지붕층 사무소 고정하중 구성

고정하중	바닥(모르타르 바름 평지붕)		1.20
	콘크리트 슬래브	t=150mm	3.60
	천장(메탈라스)		0.95
	합계		5.75 kN/m²
활하중	(표 1.2 참조)		2.00 kN/m²

표 2.10 층별 바닥하중(kN/m²)

	고정하중(D)	활하중(L)
2층	5.15	2.5
지붕층	5.75	2.0

2) 하중조합

- 극한강도설계법Ultimate Stress Design Method

극한강도설계법USD Method에 대한 사용기준은 건축구조설계기준 제5장 콘크리트구조(건축구조기준 2009)이므로, 동 기준의 0503. 3. 2 소요강도에 제시된 아래의 하중조합 중에서 가장 불리한 경우에 따라 결정해야 한다. 본 예제에서는 횡력을 고려하지 않으므로 고정하중과 활하중으로 구성된 하중조합에 대하여 검토한다.

LCB 1: 1.2D + 1.6L

표 2.11 한계상태설계법 설계하중조합에 따른 바닥하중(kN/m^2)

	LCB 1 (1.2D + 1.6L)
2층	7.49
지붕층	8.33

(4) 상용 프로그램을 이용한 해석법

철근콘크리트 구조물의 경우도 2.2.1 (3)절과 같은 모멘트 분배법을 통하여 부재에 작용하는 하중을 산정할 수 있으나, 철근콘크리트 구조물에서는 일반적으로 사용되는 상용 프로그램을 이용한 해석법으로 산정하였다. 극한강도설계법에 대한 설계를 위해서 사용되는 하중조합을 이용하여 다음과 같은 동일한 순서로 해석을 수행하였다.

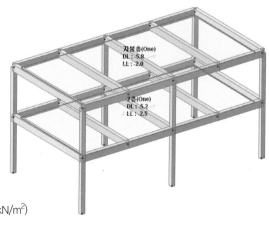

[그림 2.55]
층별 고정 및 적재 바닥하중(단위: kN/m^2)

설계하중조합이 적용된 바닥하중([표 2.11])이 작용한다면 [그림 2.28]과 같은 집중하중으로 치환된다. 이 집중하중에 대하여 해석하면 X1 골조에 대한 휨모멘트, 전단력, 축력도는 [그림 2.56]에서 [그림 2.58]과 같다.

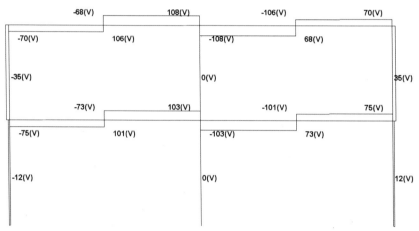

[그림 2.57] X1 골조의 설계하중조합 LCB1(1.2D + 1.6L)에 의한 SFD(단위: kN)

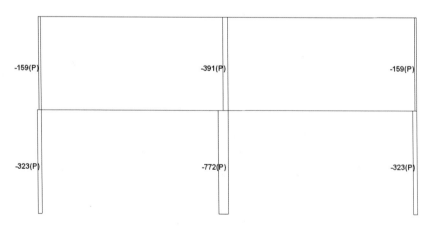

[그림 2.58] X1 골조의 설계하중조합 LCB1(1.2D + 1.6L)에 의한 AFD(단위: kN)

Y2 골조에 대한 휨모멘트도, 전단력도, 축력도는 [그림 2.59]에서 [그림 2.61]과 같다.

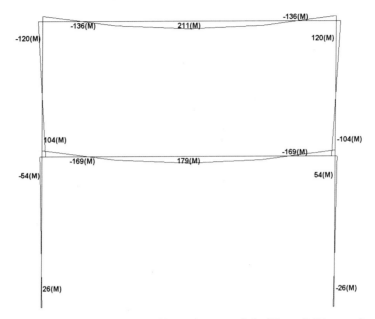

[그림 2.59] Y2 골조의 설계하중조합 LCB1 (1.2D + 1.6L)에 의한 BMD(단위: kN · m)

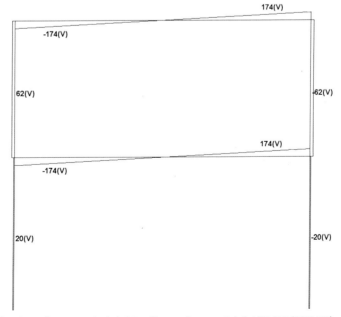

[그림 2.60] Y2 골조의 설계하중조합 LCB1 (1.2D + 1.6L)에 의한 SFD(단위: kN)

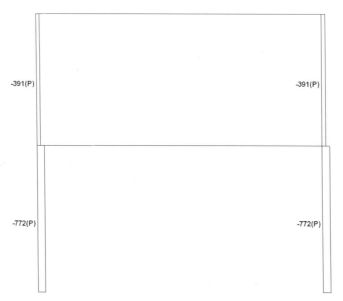

[그림 2.61] Y2 골조의 설계하중조합 LCB1 (D + L)에 의한 AFD(단위: kN)

전체 골조에 대한 휨모멘트도, 전단력도, 축력도는 [그림 2.62]에서 [그림 2.64]와 같다.

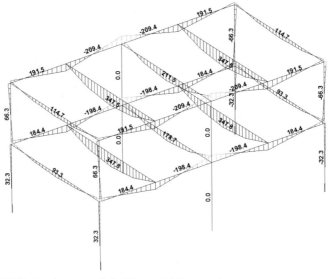

[그림 2.62]
전체 골조의 설계하중조합 LCB1 (1.2D + 1.6L)에 의한 BMD(단위: kN · m)

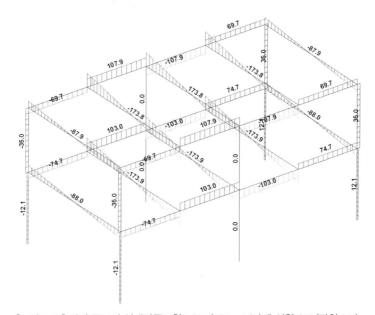

[그림 2.63] 전체 골조의 설계하중조합 LCB1 (1.2D + 1.6L)에 의한 SFD(단위: kN)

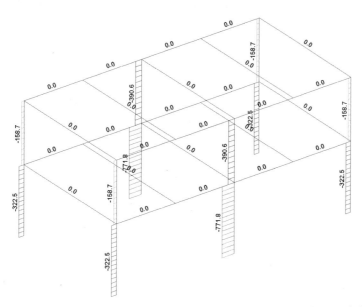

[그림 2.64] 전체 골조의 설계하중조합 LCB1 (1.2D + 1.6L)에 의한 AFD(단위: kN)

본 설계는 [그림 2.65]의 G_{23}([표 2.5])와 C_{12}([표 2.6])에 대하여 4장에서 부재설계를 할 것이다. 이때 하중조합 중 가장 큰 값(음영 표시)을 사용한다.

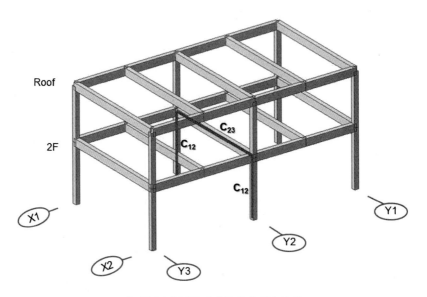

[그림 2.65] 건물 내에서 설계 대상 부재

표 2.12 보 부재의 하중조합에 대한 부재력

부재명	위치	하중조합: LCB1 (1.2D + 1.6L)	
		Shear-z (kN)	Moment-y (kN · m)
G_{21}	i	−72.40	−89.25
G_{21}	half	98.04	178.76
G_{21}	j	99.89	−192.35
G_{22}	i	−86.27	−81.08
G_{22}	half	0.00	91.45
G_{22}	j	86.27	−81.08

G_{23}	i	−170.55	−165.87
G_{23}	half	0.00	175.23
G_{23}	j	170.55	−165.87
G_{R1}	i	−67.57	−64.26
G_{R1}	half	102.72	185.64
G_{R1}	j	104.57	−203.02
G_{R2}	i	−86.19	−59.90
G_{R2}	half	0.00	112.48
G_{R2}	j	86.19	−59.90
G_{R3}	i	−170.41	−133.42
G_{R3}	half	0.00	207.40
G_{R3}	j	170.41	−133.42

표 2.13 기둥 부재의 하중조합에 대한 부재력

부재명	위치	하중조합: LCB1 (1.2D + 1.6L)				
		Axial (kN)	Shear−y (kN)	Shear−z (kN)	My (kN · m)	Mz (kN · m)
C_{11}	j	−314.67	10.83	−11.70	−15.47	14.32
C_{11}	half	−314.08	10.83	−11.70	7.92	−7.33
C_{11}	j	−313.49	10.83	−11.70	31.31	−28.99
C_{12}	j	−752.13	19.63	0.00	0.00	0.00
C_{12}	half	−751.54	19.63	0.00	0.00	0.00
C_{12}	j	−750.94	19.63	0.00	0.00	−53.58
C_{21}	j	−154.83	34.91	33.94	57.94	57.77
C_{21}	half	−154.29	34.91	33.94	−3.16	−5.06
C_{21}	j	−153.76	34.91	33.94	−64.26	−67.89

C_{22}	j	−380.06	60.94	0.00	0.00	0.00
C22	half	−380.08	60.94	0.00	0.00	0.00
C22	j	−379.55	60.94	0.00	0.00	0.00

제**3**장

강구조설계

3.1 허용응력설계법

강구조설계법에는 허용응력설계법과 한계상태설계법이 있다. 2009년 건축구조기준Korean Building Code-Structural: KBC2009 이전에는 허용응력설계법으로 설계된 강구조물은 모두 〈허용응력설계법에 따른 강구조설계기준(2003)〉을 따르도록 규정하였으나, KBC2009의 강구조편에는 한계상태설계법만 제시하고 있다. 허용응력설계법은 한계상태설계법과 더불어 대표적인 강구조설계법이며, 허용응력설계법으로 설계된 기존 강구조물을 검토하려면 반드시 허용응력설계법에 대한 이해가 필요하다. 따라서 3.1절의 예제는 〈허용응력설계법에 따른 강구조설계기준(2003)〉에 따라 구조설계를 하였고, 사용된 식은 〈허용응력설계법에 따른 강구조설계기준(2003)〉의 식 번호로 명기하여 근거로 삼았다.

3.1.1 작은 보Beam 설계: B$_{21}$

설계 대상은 2층에 위치한 작은 보 B$_{21}$이다. 일반적으로 작은 보는 거더와 전단 접합을 이루기 때문에 단순보로 거동한다. 따라서 구조해석 모델링에 포함하지 않고, 별도로 해석하여 설계한다.

허용응력설계법에 따른 강구조설계기준(2003)에 따르면 작은 보는 데크플레이트와 결합된 노출형 합성보이다. 합성보는 철골과 콘크리트슬래브의 합성도에 따라 완전 합성과 불완전 합성으로 구분된다. 작은 보의 경우 약 60% 전후의 합성율을 갖도록 설계하고 있다. 또한 콘크리트 경화 전후에 따라 다른 단면 상태를 갖고 있기 때문에 시공 단계를 구분하여 허용응력 및 사용성을 검토해야 한다. 작은 보 설계는 지붕층의 하중이 2층 사무소보다 크기 때문에 지붕층에 대하여 설계하였다.

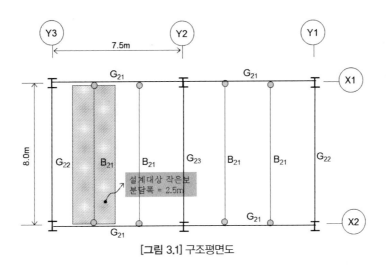

[그림 3.1] 구조평면도

〈합성보 설계 과정〉

분담면적과 하중 산정   : 3.1.1 (1)

↓

시공 단계별 부재력 산정   : 3.1.1 (2)

↓

부재가정과 콘크리트 슬래브 유효폭 산정   : 3.1.1 (3)

↓

합성보 설계를 위한 수평전단력 산정   : 3.1.1 (4)

↓

시어스터드 산정   : 3.1.1 (4)

↓

설계휨강도 검토   : 3.1.1 (5)

↓

설계전단강도 검토   : 3.1.1 (5)

↓

처짐 검토   : 3.1.1 (6)

(1) 설계 기본 정보

1) 강재

① 강종: SS400

② 재료성능: F_y = 235 MPa, E_S = 206,000 MPa

③ 강재 휨허용응력: F_b = 0.66F_y = 0.66×235 MPa = 155 MPa (9.3.5)

2) 콘크리트

① 강도: 24 MPa

② 탄성계수: $E_c = 4,700\sqrt{f_{ck}} = 4,700\sqrt{24} \approx 23,000\,\text{N}/\text{mm}^2$

(0503.4.4)

③ 탄성계수비: $n = \dfrac{E_s}{E_c} = \dfrac{206,000}{23,000} = 8.96$

④ 콘크리트 허용휨압축응력: F_{bc} = 0.4f_{ck} = 0.4×24 MPa = 9.6 MPa (9.3.6)

3) 설계하중

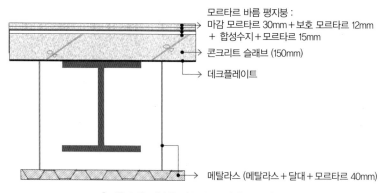

[그림 3.2] 지붕층 사무소 고정하중 구성

고정하중	바닥(모르타르 바름 평지붕)		1.20
	콘크리트 슬래브	t=150mm	3.60
	데크플레이트		0.20
	천장(메탈라스)		0.95
	합계		5.95 kN/m^2
활하중	(표 1.2 참조)		2.00 kN/m^2

(2) 부재력 산정

소요휨내력을 산정하기 위하여 지붕층 하중에 2.2.1 (3)절의 하중조합을 이용하여 부재력을 산정하였다. 합성보는 시공 단계에 따라 [그림 3.3]과 같이 저항단면과 [표 3.1]과 같이 작용하중이 변화한다.

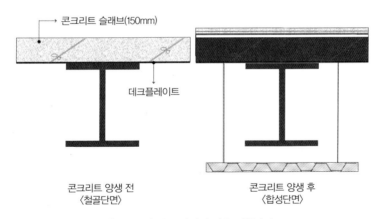

콘크리트 양생 전
〈철골단면〉

콘크리트 양생 후
〈합성단면〉

[그림 3.3] 시공 단계에 따른 저항단면

① 콘크리트 양생 전 고정하중에 의한 모멘트

콘크리트 양생 전에는 철골단면으로 저항하며, 이때 하중은 콘크리트 슬래브의 고정하중이다. [그림 3.1]과 같이 스팬이 8m, 분담폭이 2.5m이고, 콘크리트 슬래브 (3.6kN/m^2)와 데크플레이트 자중(0.2kN/m^2)이 3.8kN/m^2이므로 콘크리트 양생 전 고정하중에 의한 모멘트는 다음과 같다.

$$M_D = \frac{w_D L^2}{8} = \frac{(3.8\,\text{kN/m}^2 \times 2.5\text{m}) \times (8\text{m})^2}{8} = 76\,\text{kN} \cdot \text{m}$$

② 시공하중에 의한 모멘트

일반적으로 콘크리트 타설 시 작업자와 타설 장비가 시공하중으로 작용하며, 이 하중의 크기는 1.5kN/m^2[표 3.1]이므로 시공하중에 의한 모멘트는 다음과 같다.

$$M_C = \frac{w_C L^2}{8} = \frac{(1.5\,\text{kN/m}^2 \times 2.5\text{m}) \times (8\text{m})^2}{8} = 30\,\text{kN} \cdot \text{m}$$

③ 콘크리트 양생 후 추가하중에 의한 모멘트

콘크리트 양생 후에는 마감하중과 적재하중이 작용하며, 이 하중의 크기는 4.15kN/m^2이므로 콘크리트 양생 후 추가하중에 의한 모멘트는 다음과 같다.

$$M_L = \frac{w_L L^2}{8} = \frac{(4.15\,\text{kN/m}^2 \times 2.5\text{m}) \times (8\text{m})^2}{8} = 83\,\text{kN} \cdot \text{m}$$

표 3.1 시공 단계에 따른 저항단면 및 작용하중(kN/m²)

시공 단계		휨저항 단면	고정 하중	활하중	시공 하중	단계별 하중	모멘트
콘크리트 경화 전	고정하중 (ω_D)	철골	3.80	0.00	0.00	3.80	76
	시공하중 (ω_C)	철골	0.00	0.00	1.50	1.50	30
콘크리트 양생 후 (ω_L)		합성단면	2.15	2.00	0.00	4.15	83
계			5.95	2.00	1.50		

④ 최대 전단력

합성보의 전단력은 철골 웨브만으로 저항하므로, 합성보에 작용하는 최대 전단력은 양생 이후에 대한 하중에 대하여 산정한다.

$$V_D + V_L = \frac{(\omega_D + \omega_L)L}{2}$$

$$= \frac{(2.5\text{m})(5.95\text{kN/m}^2 + 2.00\,\text{kN/m}^2) \times (8\text{m})}{2}$$

$$= 79.5 \text{ kN}$$

(3) 부재 선택과 슬래브 유효폭 산정

[표 2.1]에서 B_{21}은 $H - 350 \times 175 \times 7 \times 11$와 콘크리트 슬래브의 합성보이며, 이때 단면성능 및 유효단면은 다음과 같다.

• 단면성능

$A_s = 6{,}314\text{mm}^2, \quad d = 350\text{mm}, \quad I_s = 1.36 \times 10^8 \text{mm}^4, \quad r = 14.7\text{mm}$

$S_{ts} = 7.77 \times 10^5 \text{mm}^3$

• 콘크리트 슬래브 유효폭(b_c)

b_c는 다음 세 값 중 가장 작은 값을 사용한다.

$2 \times \dfrac{l}{8} = 2{,}000\text{mm}$

$16t + b_f = 16 \times 250 + 175 = 2{,}575\text{mm}$

양쪽인접보와의 중심 간 거리 $= 2{,}500\text{mm}$

따라서 콘크리트 유효폭은 위의 세 값 중 작은 값인 2,000mm이다.

(4) 시어커넥터의 설계

합성보는 강재 부재와 철근콘크리트 부재가 하나의 단일 부재로 거동하는 구조부재이다. 합성보 거동을 위하여 사용된 시어커넥터Shear Connector의 설계는 [부록 G]를 참조한다. [부록 G]에 따르면 직경 ø16, 높이 120mm인 시어커넥터를 200mm 간격으로 1열 배치하면, 스팬의 1/2(4,000mm)에 시어커넥터를 200mm 간격으로 배치하게 되므로 모두 21개가 사용된다.

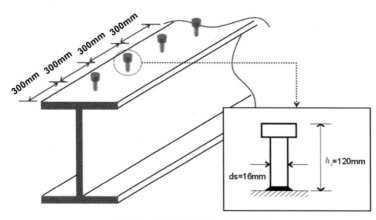

[그림 3.4] 시어커넥터의 배치 및 형상

(5) 설계휨강도 검토

정모멘트에 대한 설계휨강도는 〈허용응력설계법에 따른 강구조설계기준 (2003)〉 '9.3.5 노출형 합성보의 휨응력도'를 이용한다.

1) 단면성능 산정

① 도심 산정

• 콘크리트의 등가단면

$$\frac{A_c}{n} = \frac{2,000\,mm \times 150\,mm}{8.96\,mm} = 33,482mm^2$$

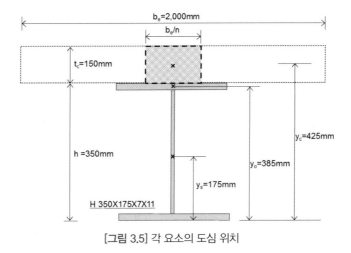

[그림 3.5] 각 요소의 도심 위치

- 강재단면과 콘크리트 단면의 도심

$$y_s = \frac{350}{2} = 175 \text{ mm}$$

$$y_c = 350\,\text{mm} + \frac{150\text{mm}}{2} = 425 \text{ mm}$$

- 합성단면의 도심

$$y_o = \frac{A_s \cdot y_s + \dfrac{A_c}{n} y_c}{A_s + \dfrac{A_c}{n}}$$

$$= \frac{6,314\,\text{mm}^2 \times 175\text{mm} + 33,482\text{mm}^2 \times 425\,\text{mm}}{6,314\text{mm}^2 + 33,482\,\text{mm}^2} = 385 \text{ mm}$$

도심은 다음과 같은 방법으로 산정한다.

$$A \cdot \overline{y} = A_1 \cdot \overline{y_1} + A_2 \cdot \overline{y_2}$$

여기서 $A = A_1 + A_2$

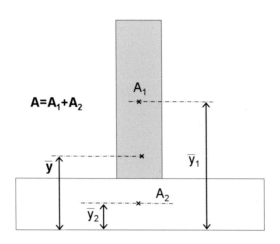

[그림 3.6] 도심 산정

따라서 합성보의 도심은 다음과 같다.

$$A_o \cdot y_o \; = \; A_s \cdot y_s + \left(\frac{A_c}{n} \right) \cdot y_c$$

여기서 $A_o \; = \; A_s + \dfrac{A_c}{n}$

등가 단면2차모멘트

$$\frac{I_c}{n} \; = \; \frac{b_e t_c^3}{12n} = \; \frac{2,000 \times 150^3}{12 \times 8.96} = \; 6,2779 \times 10^7 \, \text{mm}^4$$

$$I_{tr} \; = \; I_s + A_s (y_s - y_o)^2 + \frac{I_c}{n} + \frac{A_c}{n} (y_c - y_o)^2$$

$$= \; 1.36 \times 10^8 + 6,314 \, (175 - 385)^2 + 6.278 \times 10^7 + 33,482 \, (425 - 385)^2$$

$$= \; 5.31 \times 10^8 \, \text{mm}^4$$

부분합성인 경우의 유효단면2차모멘트는 다음 식을 이용하여 산정한다.

$$I_{eff} = \; I_s + \sqrt{\frac{V_h^{'}}{V_h}} \; (I_{tr} - I_s) \tag{9.3.2}$$

$$= 1.36 \times 10^8 + \sqrt{\frac{705\,\text{kN}}{1{,}175\,\text{kN}}} \left(5.31 \times 10^8 - 1.36 \times 10^8 \right)$$

$$= 4.51 \times 10^8 \ \text{mm}^4$$

- 등가단면계수

$$S_{ttr} = \frac{I_{tr}}{y_o} = \frac{5.31 \times 10^8 \,\text{mm}^4}{385\,\text{mm}} = 1.379 \times 10^6 \ \text{mm}^3 \ \text{(인장측)}$$

$$S_{ctr} = \frac{5.31 \times 10^8 \,\text{mm}^4}{500\,\text{mm} - 385\,\text{mm}} = 4.617 \times 10^6 \ \text{mm}^3 \quad \text{(압축측)}$$

- 인장 측 유효단면 계수

$$S_{te} = S_{ts} + \sqrt{\frac{V_h'}{V_h}} \left(S_{ttr} - S_{ts} \right) \tag{9.3.3}$$

$$= 0.777 \times 10^6 + \sqrt{\frac{705\,\text{kN}}{1{,}175\,\text{kN}}} \ (1.119 \times 10^6 - 0.777 \times 10^6) = 1.042 \times 10^6 \ \text{mm}^3$$

- 압축 측 유효단면 계수

$$S_{ce} = \sqrt{\frac{V_h'}{V_h}} \ S_{ctr} \tag{9.3.4}$$

$$= \sqrt{\frac{705\,\text{kN}}{1{,}175\,\text{kN}}} \ (1.119 \times 10^6 - 0.777 \times 10^6) = 2.903 \times 10^6 \ \text{mm}^3$$

2) 휨응력도 검토(동바리를 설치하지 않은 경우)

시공 시 거푸집 역할과 콘크리트 경화전 시공하중 및 자중을 지지하기 위해 구조용 데크플레이트를 합성보에 사용하였다. 휨응력도는 3.1.1 (1)절의 각 재료별 물성값으로부터, 휨응력은 3.1.1 (2)절의 각 단계별 부재력과 3.1.1 (3)절의 단면성능으로부터 산정하여 비교하였다.

① 콘크리트 공사 중의 철골보 응력도(단기하중)

$$f_b = \frac{M_D + M_C}{S_{ts}} = \frac{76\text{kN} \cdot \text{m} + 30\text{kN} \cdot \text{m}}{7.77 \times 10^5 \text{mm}^4} \quad \text{(9.3.5)및 1.5.2항}$$

$$= 136\,\text{MPa} \quad < \quad 1.33\text{F}_b = 206\,\text{MPa} \quad\quad \text{(OK)}$$

② 건물이 사용 중인 경우 합성보의 강재 응력도

$$f_b = \frac{M_D + M_L}{S_{te}} = \frac{76\text{kN} \cdot \text{m} + 83\text{kN} \cdot \text{m}}{1.379 \times 10^6 \text{mm}^4} \quad\quad \text{(9.3.5)}$$

$$= 115.3\,\text{MPa} \quad < \quad \text{F}_b = 0.66\text{F}_y = 155\,\text{MPa} \quad\quad \text{(OK)}$$

③ 콘크리트 양생전의 철골보 응력도와 양생후의 추가 하중에 대한
   합성보 응력도의 조합

$$f_b = \frac{M_D}{S_{ts}} + \frac{M_L}{S_{te}} = \frac{76\text{kN} \cdot \text{m}}{7.77 \times 10^5 \text{mm}^4} + \frac{83\text{kN} \cdot \text{m}}{1.379 \times 10^6 \text{mm}^4} \quad \text{(9.3.5(1)) 및 (다)항}$$

$$= 158.0\,\text{MPa} \quad < \quad 0.9\text{F}_y = 212\,\text{MPa} \quad\quad \text{(OK)}$$

④ 건물이 사용 중인 경우 합성보의 콘크리트 응력도

$$f_{bc} = \frac{M_L}{n \cdot S_{ce}} = \frac{83\text{kN} \cdot \text{m}}{8.96 \times 3.376 \times 10^6 \text{mm}^4} \quad\quad \text{(9.3.6)}$$

$$= 2.74\,\text{MPa} < \text{F}_{bc} = 0.4\text{f}_{ck} = 9.6\,\text{MPa} \quad\quad \text{(OK)}$$

따라서 위의 4가지 하중조건을 모두 만족하므로 동바리를 설치하지 않은
경우에 대하여 휨응력이 만족한다.

3) 철골보의 전단응력도 검토

합성보의 전단응력은 철골보의 전단응력만으로 저항되어야 한다. 전단응력도는 3.1.1 (1)절의 각 재료별 물성값으로부터, 휨응력은 3.1.1 (2)절의 각 단계별 부재력과 3.1.1 (3)절의 단면성능으로부터 산정하여 비교하였다.

$$f_v = \frac{V_D + V_L}{A_w} = \frac{83 \, \text{kN}}{350 \, \text{mm} \times 7 \, \text{mm}} = 33.9 \, \text{MPa} < \text{F}_\text{v} = 0.4 \text{F}_\text{y} = 94 \, \text{MPa}$$

(OK)

따라서 위의 조건을 모두 만족하므로 전단응력은 만족된다.

(6) 처짐 검토

합성보의 경계조건은 단순보이고 등분포하중이 작용하므로, 처짐은 중앙부에서 가장 크며 이때 처짐값은 $\frac{5wL^4}{384EI}$ 이다.

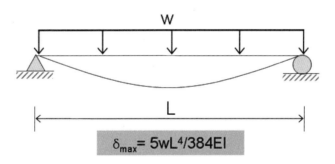

[그림 3.7] 등분포하중을 받는 단순보의 처짐

합성보는 [표 3.2]와 같이 각 시공 단계별 각기 다른 하중이 작용하며, 이러한 하중에 대하여 각각의 처짐이 만족되어야 한다.

표 3.2 시공 단계에 따른 처짐 산정용 하중(kN/m²)

시공 단계		저항단면	고정하중	활하중
콘크리트 경화전 고정하중 (ω_{D1})		철골	3.80	0
콘크리트 양생 후	추가고정하중 (ω_{D2})	합성단면	2.15	0
	적재하중 (ω_L)	합성단면	0	2.00

1) 고정하중(콘크리트 양생 전)에 의한 처짐

콘크리트 양생 전에는 구조체 자중(ω_{D1})이 작용하며, 철골보 단면성능(I_s) 만으로 저항한다.

$$\delta_{D1} = \frac{5\omega_{D1}L^4}{384\,E_s\,I_s} = \frac{5\,(3,800\text{N/m}^2 \times 2.5\text{m})\,(8,000\,\text{mm})^4}{384 \times 206,000\,\text{N/mm}^2 \times (1.36\times10^8\text{mm}^4)} = 18.1\,\text{mm}$$

2) 고정하중(콘크리트 양생 후 추가)에 의한 처짐

콘크리트 양생 후 고정하중 이외에 마감하중 등의 추가하중(ω_{D2})이 작용 하며, 합성보 단면성능(I_{eff})으로 저항한다.

$$\delta_{D2} = \frac{5\omega_{D2}L^3}{384\,E_s\,I_{eff}} = \frac{5\,(2,150\text{N/m}^2 \times 2.5\text{m})\,(8,000\,\text{mm})^4}{384 \times 206,000\,\text{N/mm}^2 \times (4.51\times10^8\text{mm}^4)} = 3.1\,\text{mm}$$

3) 활하중에 의한 처짐

$$\delta_L = \frac{5\omega_L L^4}{384\,E_s\,I_{eff}} = \frac{5\,(2,000\text{N/m}^2 \times 2.5\text{m})\,(8,000\,\text{mm})^4}{384 \times 206,000\,\text{N/mm}^2 \times (4.51\times10^8\text{mm}^4)}$$

$$= 2.9\,\text{mm} < \frac{L}{350} = 22.9\,\text{mm}$$

4) 고정하중과 활하중에 의한 처짐

합성보는 각 단계별 처짐의 합이 전체 스팬의 1/250보다 작아야 한다.

$$\delta_{D1} + \delta_{D2} + \delta_L = 18.1\text{mm} + 3.1\text{mm} + 2.9\text{mm}$$

$$= 24.1\,\text{mm} < \frac{L}{250} = 32\,\text{mm}$$

3.1.2 거더^{Girder} 설계: G_{23}

설계 대상은 2층에 위치한 Y2열의 거더 G_{23}이다. 일반적으로 거더는 기둥과 모멘트 접합을 하게 된다. 제2장의 구조해석에서도 단부조건을 고정단으로 가정하였다. 일반적으로 거더는 단부에서 부모멘트가 발생하므로 합성보로 설계하지 않으며, 철골 단면만 사용하여 강구조설계기준(2003)에 따른 허용응력설계법으로 설계를 수행한다.

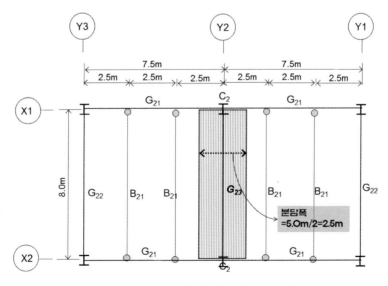

[그림 3.8] 등분포하중을 받는 단순보의 처짐

(1) 기본 정보

2장에서 수행한 구조해석 결과로부터 거더 G_{23}에 작용하는 최대 모멘트는

102.8kN · m이고, 최대 전단력은 80.4kN 이다. 이 값은 구조물의 자중이 포함된 값으로 [그림 2.39]와 [그림 2.40]의 모멘트도와 전단력도를 사용한다.

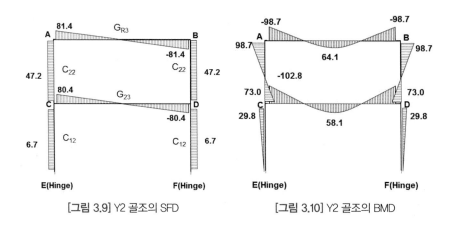

[그림 3.9] Y2 골조의 SFD   [그림 3.10] Y2 골조의 BMD

(2) 단면 선택

철골보의 단면은 일반적으로 최대 모멘트를 철골의 허용 휨응력도로 나누어 얻은 요구단면계수($S_{x,req}$)를 통하여 선택하게 된다.

$$S_{x,req} = \frac{M}{F_b}$$

슬래브에 의해 철골보가 횡방향으로 지지되어 있으므로 완전횡지지Full Lateral Support를 형성하므로 허용 휨응력도(F_b)는 $0.66F_y$이다. SS400을 사용하므로 철골의 허용 휨응력도(F_b)는 다음과 같다.

$F_b = 0.66 \times 235$ MPa $\quad = \quad 155.1$ MPa

$S_{x,req} = \dfrac{102.8\,\text{kN} \cdot \text{m}}{155.1\,\text{N/mm}^2} = 0.663 \times 10^6\,\text{mm}^3$

따라서 H - 396 × 199 × 7 × 11 로 거더의 단면을 선택한다.

$$A = 7,216\text{mm}^2, \quad I_x = 2.0 \times 10^8 \, \text{mm}^4, \quad I_s = 1.45 \times 10^7 \, \text{mm}^4$$

$$r_y = 44.8\text{mm}, \quad d = 936 \, \text{mm}, \quad S_x = 1.01 \times 10^6 \, \text{mm}^3$$

(3) 단면 검토

1) 휨성능 검토

철골보의 휨성능은 플랜지와 웨브에서 발생 가능한 국부좌굴과 휨거동시 압축력을 받는 플랜지에 발생하는 횡좌굴에 대하여 검토하여야 한다.

① 국부좌굴 검토

$$b_f/2t_f \ = 199\,\text{mm}/(2 \times 11\,\text{mm}) = 9.05 \ < \ 171/\sqrt{F_y} = 11.2 \quad \text{(OK)}$$

$$d/t_w \ = 396\,\text{mm}/7\,\text{mm} = 56.6 < \ 1,680/\sqrt{\text{F}_y} = 109.6 \quad\quad \text{(OK)}$$

전체 단면이 유효한 콤팩트 요소Compact Section이므로 허용 휨응력(F_b)은 $0.66F_y$다.

② 횡좌굴 검토

슬래브로 지지되어 있으므로 완전 횡지지Full Lateral Support 조건으로 간주할 수 있다. 따라서 허용 휨응력(F_b)은 $0.66F_y$다.

③ 휨 검토

①, ②로부터 허용 휨응력(F_b)은 155.1 MPa(0.66×235 MPa)다. 실제 휨응력(f_b)은 최대 모멘트를 단면계수로 나누는 값이다.

$$f_b = \ \frac{102.8\,\text{kN} \cdot \text{m}}{1.01 \times 10^6 \text{mm}} = \ 101.8\,\text{MPa} \ < \ \text{F}_b = \ 155.1\,\text{MPa} \quad \text{(OK)}$$

이 부재는 [부록 H] 단면가정표로부터 얻은 결과로 휨응력 면에서 다소 여유가 있다. 다른 단면에 대하여 휨성능 검토를 재수행하여 최적단면을 산정하면 H-396×175×7×11($S_x = 0.775 \times 10^6 \text{mm}^3$)이다.

2) 전단성능 검토

철골보의 전단력은 철골 웨브를 통해서 저항된다.

① 전단응력 산정

$$f_v = \frac{V}{d \cdot t_w} = \frac{80.4 \text{ kN}}{396 \text{mm} \times 7 \text{mm}} = 29.0 \text{MPa}$$

② 허용전단응력도

$$h/t_w = \frac{396 \text{mm} - 2 \times 11 \text{mm}}{7 \text{mm}} = 53.4 < 1{,}000/\sqrt{\text{F}_y} = 65.2$$

$$F_v = 0.4 \text{F}_y = 0.4 \times 235 \text{MPa} = 94 \text{MPa}$$

$$f_v = 29.0 \text{MPa} < \text{F}_v = 94.0 \text{MPa} \qquad \text{(OK)}$$

3) 처짐 검토

[부록 D]를 참조하면 거더의 경계조건은 양단 고정단이고, 등분포하중이 작용하므로 처짐은 중앙부에서 가장 크며, 이때 처짐값은 $\frac{wL^4}{384EI}$ 이다. 처짐 산정용 하중은 [표 2.2]의 2층 하중으로부터 G_{23}의 분담폭 2.5m를 곱하여 선하중을 [표 3.3]과 같이 산정하였다.

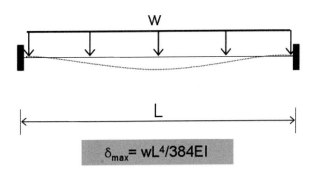

$$\delta_{max} = wL^4/384EI$$

[그림 3.11] 등분포하중을 받는 고정단 보의 처짐

표 3.11 처짐 산정을 위한 선하중 산정

	분담폭(m)	분포하중(kN/m²)	선하중(kN/m)
고정하중 (ω_D)	2.50	5.35	13.38
적재하중 (ω_L)	2.50	2.50	6.25
전체하중			19.63

① 활하중 ($W_L = 6.25\text{kN/m}$)

$$\delta_{max} = \frac{6.25\,\text{kN/m} \times (8{,}000\text{mm})^4}{384 \times 206{,}000\,\text{N/mm}^2 \times 2.0 \times 10^8} = 1.6\,\text{mm} \qquad \text{(OK)}$$

$$< \frac{L}{360} = \frac{8{,}000\,\text{mm}}{360} = 22.2\text{mm}$$

② 전체 하중 ($W_D + W_L = 19.63\text{kN/m}$)

$$\delta_{max} = \frac{19.63\,\text{kN/m} \times (8{,}000\,\text{mm})^4}{384 \times 206{,}000\,\text{N/mm}^2 \times 2 \times 10^8\,\text{mm}^4} = 5.1\,\text{mm} \qquad \text{(OK)}$$

$$< \frac{L}{250} = \frac{8{,}000\,\text{mm}}{250} = 32.0\text{mm}$$

따라서 H $396 \times 199 \times 7 \times 11$ 단면이 만족한다.

※ 철골보 자중 검토

설계시 철골보 자중을 $0.49kN/m$으로 가정하였고, 선택된 단면은 $0.56kN/m$이지만 내력 및 처짐에서 충분히 만족한다.

3.1.3 기둥 설계: C_{12}

설계 대상은 1층에 위치한 Y2열의 기둥 C_{12}다. 기둥은 거더과 모멘트 접합으로 연결되어있으며, 2장 구조해석 결과에 따라 설계하였다. 기둥은 1층에 가장 큰 축력이 발생하며, 철골기둥 C_{12} 상부에는 모멘트가 작용한다. 구조설계는 〈강구조설계기준(2003)〉에 따른 허용응력설계법을 사용하였다.

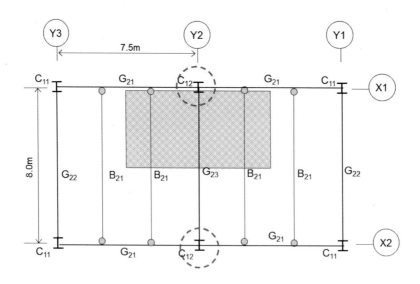

[그림 3.12] 구조평면도

(1) 기본 정보

2장에서 수행한 구조해석 결과로부터 기둥 C_{12}에는 최대 축력 519.0 kN 와 최대 모멘트 29.8kN · m이 동시에 작용하므로 조합응력(모멘트 + 축력)에 대하여 설계되어야 한다.

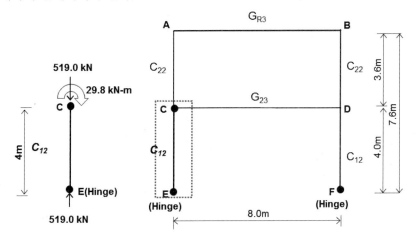

[그림 3.13] 기둥 C_{12}에 작용하는 부재력

• 기둥의 유효좌굴길이 계수(K) 산정

기둥의 유효좌굴길이계수 결정에는 골조의 횡지지 여부에 따라 [부록 F]의 서로 다른 차트를 이용하며, 이 예제의 경우 가새와 같은 횡지지부재가 없으므로 비횡지지된 골조로 구분한다. 유효좌굴길이 계수는 기둥의 강성과 보의 강성비에 따라 결정된다. 기둥과 보의 단면2차모멘트는 2.2.1 (2)절에서 가정한 부재 값을 사용한다.

$G_E = 10.0$ (Pin End)

$$G_C = \sum(I_c/L_c)/\sum(I_g/L_g)$$

$$= (29{,}390\text{cm}^4/360\text{cm} + 29{,}390\text{cm}^4/400\text{cm})/(13{,}600\text{cm}^4/800\text{cm}) = 9.12$$

[부록 F]의 환산도표Alignment Chart로부터 기둥의 유효좌굴길이 계수는 0.97이다.

따라서 $KL = 0.97 \times 4\text{m} = 3.88\text{m}$이다.

(2) 단면 가정

기둥부재인 H $248 \times 249 \times 8 \times 13$ 단면성능은 다음과 같다.

h (철골보 높이) = 248mm I_y (강축에 대한 단면2차모멘트) = 33,500,000mm^4

b (플랜지 폭) = 249mm r_x (약축에 대한 단면2차반경) = 108.0mm

t_w (웨브 두께) = 8mm r_y (강축에 대한 단면2차반경) = 62.9mm

t_f (플랜지 두께) = 13mm S_x (약축에 대한 단면계수) = 800,806mm^3

A (단면적) = 8,470mm^2 S_y (약축에 대한 단면계수) = 269,076mm^3

I_x (강축에 대한 단면2차모멘트) = 99,300,000mm^4

(3) 단면 검토

1) 축방향력 검토

$$f_a = \frac{P}{A} = \frac{519\text{kN}}{8,470\text{mm}^2} = 61.3\,\text{MPa}$$

$$KL/r_y = \frac{3,880\,\text{mm}}{62.9\,\text{mm}} = 61.7 \text{ 이고, 한계세장비 } C_c \text{는}$$

$$C_c = \sqrt{\frac{2\pi^2 E_s}{F_y}} = \sqrt{\frac{2\pi^2 \times 206,000\text{MPa}}{235\text{MPa}}} = 131.5 \text{ 이므로}$$

$$\left(KL/r_y\right)/C_c = 61.7/131.5 = 0.469$$

이것을 다음 식 (6.1)에 적용한다.

$$F_c = \frac{\left[1 - \dfrac{(KL/\gamma)^2}{2C_c^2}\right]F_y}{\dfrac{5}{3} + \dfrac{3(KL/\gamma)}{8C_c} - \dfrac{(KL/\gamma)^3}{8C_c^3}} \tag{6.1}$$

$$= \frac{\left[1 - \dfrac{1}{2} \times 0.469^2\right] \times 235}{\dfrac{5}{3} + \dfrac{3}{8} \times 0.469 - \dfrac{1}{8} \times 0.469^3} = 114.3\,\mathrm{MPa}$$

2) 휨성능 검토

① 국부좌굴 검토

$$b_f/2t_f = 249\,\mathrm{mm}/(2 \times 13\,\mathrm{mm}) = 9.58 < 171/\sqrt{\mathrm{F}_y} = 11.2 \qquad \text{(OK)}$$

$$d/t_w = 248\,\mathrm{mm}/8\,\mathrm{mm} = 31.0 < 1{,}680/\sqrt{\mathrm{F}_y} = 109.6 \qquad \text{(OK)}$$

따라서 콤팩트요소Compact Section이므로 F_b는 $0.66F_y$이다.

② 횡좌굴 검토

• 횡좌굴에 대한 폭두께 비 검토(λ_p)

다음 값 중에서 작은 값으로 하여 L_c = 3,248mm이다.

$$L_c = \frac{200b_f}{\sqrt{F_y}} = \frac{200 \times 249}{\sqrt{235}} = 3{,}249\,\mathrm{mm}$$

$$L_c = \frac{138{,}000}{(d/A_f)F_y} = \frac{138{,}000}{(248/8{,}470) \times 235} = 20{,}056\,\mathrm{mm}$$

L_b = 4,000mm이므로, 식 (7.8)에서 식 (7.10)을 이용하여 F_b를 구하며, 이 때 얻어진 휨응력도는 $0.6F_y$ (= 141MPa) 이하여야 한다.

$L_b/r_T = 4{,}000\text{mm}/71.9\text{mm} = 55.6$

$r_T = \sqrt{I_y/(2A_f)} = \sqrt{335\times10^5/(2\times249\times13)} = 71.\,$

$\sqrt{\dfrac{702{,}000\,C_b}{F_y}} = 54.6\sqrt{C_b} = 54.6$,

$\sqrt{\dfrac{3{,}510{,}000\,C_b}{F_y}} = 122.2\sqrt{C_b} = 122.2$

$L_b/r_T = 4{,}000\text{mm}/71.9\text{mm} = 55.6$이 54.6과 122.2 사이에 있으므로 식 (7.8)과 식 (7.10) 중 큰 값을 사용한다.

$$F_b = \left[\frac{2}{3} - \frac{F_y\,(L/r_T)^2}{10{,}530{,}000\,C_b}\right]F_y \tag{7.8}$$

$$= \left[\frac{2}{3} - \frac{(235\text{MPa})(55.6)^2}{10{,}530{,}000\times(1.0)}\right](235\text{MPa}) = 140.5\text{MPa}$$

$$F_b = \frac{83{,}000\,C_b}{L(d/A_f)} = \frac{83{,}000(1.0)}{(4{,}000\times248)\div(249\times13)} = 270.8\text{MPa} \tag{7.10}$$

따라서 F_b는 140.5MPa 를 사용한다.

③ 휨 검토

①,②로부터 F_b는 140.5MPa이다.

$$f_b = \frac{M}{S_x} = \frac{29.8\,\text{kN}\cdot\text{m}}{800{,}806\,\text{mm}^3} = 37.2\text{MPa} < F_b = 140.5\text{MPa} \quad (\text{OK})$$

3) 조합응력 검토

기둥 C_{21}에는 휨모멘트와 축력이 동시에 작용하므로 조합응력에 대한 검토가 필요하다.

$f_a/F_a = 61.3\text{MPa} /114.3\text{MPa} = 0.54 \; > \; 0.15$이므로, 식 (8.1)과 식 (8.2)를 사용하여 검토한다.

① 식 (8.1) 검토

$$\frac{f_a}{F_a} + \frac{C_m\,f_b}{(1-f_a/F_e{}')F_b} \quad < \quad 1.0 \tag{8.1}$$

$$C_m \;=\; 0.6 - 0.4\,(\frac{M_1}{M_2}) \;=\; 0.6 - 0.4\,(\frac{0}{26.6}) \;=0.6$$

$$F_{ex}{}' = \frac{12\pi^2 E_s}{23(K_x L_x/r_x)^2} = \frac{12\pi^2 \times 206{,}000}{23(3{,}880/108)^2} = 821.9\,\text{MPa}$$

$$0.54 + \frac{0.6 \times 37.2}{(1-61.3/821.9)(141)} \;=\; 0.71 \;<\; 1.0 \tag{OK}$$

② 식 (8.2) 검토

$$\frac{f_a}{0.6F_y} + \frac{f_b}{F_b} \quad < \quad 1.0 \tag{8.2}$$

$$\frac{f_c}{0.6F_y} + \frac{f_b}{F_b} = \frac{61.3}{(0.6)(235)} + \frac{37.2}{141} = 0.70 < 1.00 \tag{OK}$$

따라서 기둥 C_{21}은 H $248 \times 249 \times 8 \times 13$을 만족한다.

이 부재는 [부록 H] 단면가정표로부터 얻은 결과로 조합응력 면에서 다소 여유가 있다. 다른 단면에 대하여 3.3.3절의 단면검토를 재수행하여 최적단면을 산정하면 H-$200 \times 204 \times 12 \times 12$ ($A = 7{,}153\text{mm}^2 \times 10^3\text{mm}^2$)이다.

3.1.4 주각 설계: F_{12}

(1) 기본 정보

3.1.3절에서 설계한 기둥 C_{12}(H $200 \times 204 \times 12 \times 12$)의 하부에 위치하는 기초 F_{12}를 설계하며, 이때 작용하는 설계하중은 구조해석 결과에 따라 다음 과 같다.

M_{max} = 0.0 kN · m (기둥힌지)

P_{max} = 519.0 kN

콘크리트 기초 = $600 \times 600 \times 250$($f_{ck}$=21 MPa)

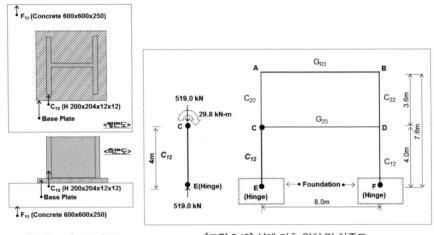

[그림 3.15] 기초 형상　　　　　[그림 3.16] 설계 기초 위치 및 하중도

　　　축력만 받는 베이스 플레이트를 설계하는 기본 개념은 힘의 경로를 통해 설명된다. 기둥단부에서 베이스 플레이트로 축력이 전달되고, 다시 베이스 플레이트에서 콘크리트 기초로 전달된다([그림 3.17(a)]).

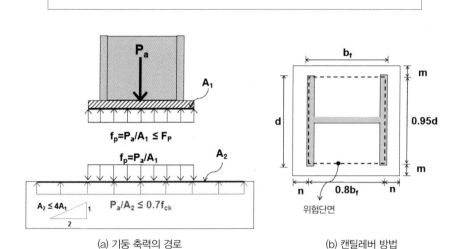

철골 기둥 → 베이스 플레이트 → 콘크리트 기초

(a) 기둥 축력의 경로   (b) 캔틸레버 방법

[그림 3.17] 베이스 플레이트 설계 개념

이 과정에서 기둥의 축력이 베이스 플레이트 단면적(A_1)으로 고르게 분포되어 지압응력(F_p)이 콘크리트 기초로 전달된다. 이러한 지압응력(F_p)은 베이스 플레이트의 허용지압응력(F_p)과 콘크리트 지압응력($0.75F_{ck}$)에서 전달되는 힘보다 작아야 파괴가 발생하지 않는다. 지압응력이 허용지압응력과 콘크리트 지압응력보다 작도록 베이스플레이트의 단면적(A_1)이 결정된다.

위의 방법으로 결정된 베이스 플레이트 단면적(A_1)에 대해 플레이트의 두께(t_p)를 결정하는 방법으로 캔틸레버 방법Cantilever Approach과 항복선 방법Yield Line Approach이 있는데, 일반적으로 캔틸레버 방법이 적용된다. 3.1.4(2)절에서 사용한 캔틸레버 방법의 경우 베이스 플레이트의 위험단면Critical Section을 지점으로 하고, 베이스 플레이트의 지압응력이 하중으로 작용하는 캔틸레버 보를 형성한다고 가정한다. 이때 단면에서 발생하는 휨응력(σ_b)이 플레이트의 허용 휨응력(F_b)보다 작게 되도록 플레이트의 두께(t_p)를 산정한다.

〈베이스 플레이트 설계 과정〉

요구되는 베이스 플레이트 단면적(A_1) 산정   : 3.1.4(2) 1)

↓

베이스 플레이트 단면치수($B,\ N$) 결정   : 3.1.4(2) 1)

↓

베이스 플레이트의 허용 지압응력(F_p) 산정   : 3.1.4(2) 1)

↓

실제 지압응력(f_p) 산정   : 3.1.4(2) 2)

↓

베이스 플레이트 치수($m,\ n$) 산정   : 3.1.4(3) 1)

↓

베이스 플레이트 요구 두께(t_p) 산정   : 3.1.4(3) 2)

---

(2) 베이스 플레이트 크기 산정

1) 베이스 플레이트의 크기 결정

베이스 플레이트의 면적(A_1)은 다음 식을 사용하며, 기둥을 지지하는 콘크리트 기초 면적(A_2)이 베이스 플레이트 면적(A_1)의 4배가 되지 않도록 결정한다.

$$A_1 = \frac{P}{0.7f_{ck}} = \frac{519.0 \times 10^3}{0.7 \times 21} = 35,306 \mathrm{mm}^2 \tag{9.14}$$

베이스 플레이트는 기둥보다 커야 한다.

$$A_1 = d \times b_f = 200 \times 204 = 40,800\,\mathrm{mm}^2 > 32,194\,\mathrm{mm}^2$$

최적 베이스 플레이트 크기를 산정하는 방법으로 AISC에서 제안하는 캔틸레버 방법을 사용하면 다음과 같다([그림 3.17(b)]). 다음 방법은 캔틸레버 보의 길이인 m, n의 크기를 유사하게 결정하기 위하여 사용하는 방법이다.

$$\Delta = \frac{0.95d - 0.8b_f}{2}$$

$$= \frac{0.95 \times 200 - 0.8 \times 204}{2} = 13.4 \, mm$$

$$N = \sqrt{A_1} + \triangle = \sqrt{40,800} + 13.4 = 215.4 \, mm \simeq 220 \, mm$$

$$B = A_1/N = 40,800/220 = 185.5 \, mm$$

하지만 B는 C_{11}의 폭 204mm보다 좁기 때문에 N과 같은 값을 사용하여 베이스 플레이트는 220×220을 사용한다.

$$A_2 = 600 \times 600 = 3.6 \times 10^5 \, mm^2$$

$$\sqrt{A_2/A_1} = \sqrt{3.6 \times 10^5/4.84 \times 10^4} = 2.7 > 2.0$$

따라서 A_2 는 $4A_1$를 사용하여 허용지압응력(F_p)을 구하면 다음과 같다.

$$F_p = 0.35 f_{ck} \sqrt{\frac{A_2}{A_1}} = 0.35 f_{ck} \sqrt{\frac{4A_1}{A_1}} = 0.70 f_{ck} \leq 0.70 f_{ck} = 14.7 \, N/mm^2$$

따라서 지지하는 콘크리트와 베이스 플레이트의 비$(\sqrt{A_2/A_1})$가 2를 초과하므로 콘크리트 기초 크기는 만족한다.

2) 베이스 플레이트 지압응력 검토

베이스 플레이트에 작용하는 지압응력은 다음 식에 따라 산정된다.

$$f_p = \frac{P}{NB} = \frac{519.0 \times 10^3}{220 \times 220} = 10.7\,\text{N/mm}^2$$

(3) 베이스 플레이트 두께 산정

베이스 플레이트 두께(t_p) 산정을 위하여 캔틸레버 방법Cantilever Approach을 사용한다. 캔틸레버 방법의 경우 베이스 플레이트의 위험단면Critical Section을 지점으로 하고, 베이스 플레이트 단부까지의 거리(m, n)를 산정하며, 이때 발생하는 최대 휨응력이 허용 휨응력 이하가 되는 두께를 산정한다.

1) 위험단면에서 베이스 플레이트 단부까지 거리(m, n) 산정

m, n은 AISC에서 제시한 [그림 3.17(b)]에 의하여 다음과 같이 산정한다.

$$m = \frac{N - 0.95d}{2} = \frac{220 - 0.95 \times 200}{2} = 15.0\,\text{mm}$$

$$n = \frac{B - 0.8b_f}{2} = \frac{220 - 0.8 \times 204}{2} = 28.4\,\text{mm}$$

2) 베이스 플레이트 캔틸레버 휨응력 검토

① X방향 검토

빗금 친 부분($N \times n$)에 X방향 모멘트가 작용하는 길이가 n, 폭이 N이고 춤이 t_p인 캔틸레버 보의 휨응력은 다음과 같다([그림 3.18]).

캔틸레버보의 단부 모멘트(선하중 w, 길이 l)

$$M_u = \frac{\omega l^2}{2} = \frac{(N \cdot f_p)n^2}{2}$$

직사각형 단면의 단면계수(폭 b, 높이 h)

$$S_x = \frac{bh^2}{6} = \frac{N \cdot t_{px}^2}{6}$$

휨응력과 허용 휨응력 비교

$$\sigma_{bx} = \frac{M_u}{S_x} = \frac{3f_p n^2}{t_{px}^2} \leq F_b = 0.75F_y$$

X방향 베이스 플레이트 두께

$$t_{px} = n \sqrt{\frac{f_p}{0.25F_y}}$$

$$= 28.4 \times \sqrt{\frac{10.72}{0.25 \times 235}} = 12.1\text{mm}$$

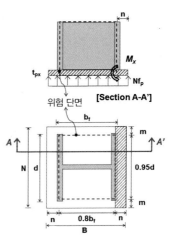

[그림 3.18] X방향 휨 검토

② Y방향 검토

빗금 친 부분($B \times m$)에 X방향 모멘트가 작용하는 길이가 m, 폭이 B이고 춤이 t_p인 캔틸레버 보의 휨응력은 다음과 같다([그림 3.19]).

캔틸레버보의 단부 모멘트(선하중 w, 길이 l)

$$M_u = \frac{wl^2}{2} = \frac{(B \cdot f_p)m^2}{2}$$

직사각형 단면의 단면계수(폭 b, 높이 h)

$$S_x = \frac{bh^2}{6} = \frac{B \cdot t_{py}^2}{6}$$

휨응력과 허용 휨응력 비교

$$\sigma_{by} = \frac{M_u}{S_x} = \frac{3f_p m^2}{t_{py}^2} \leq F_b = 0.75F_y$$

Y방향 베이스 플레이트 두께

$$t_{py} = m \sqrt{\frac{f_p}{0.25F_y}} = 15.0 \times \sqrt{\frac{10.72}{0.25 \times 235}} = 6.4\text{mm}$$

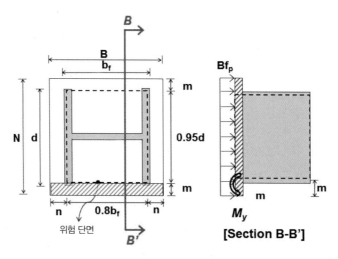

[그림 3.19] Y방향 휨 검토

베이스 플레이트 두께(t_p)는 양 방향을 모두 만족시키는 13mm로 결정한다. 따라서 베이스 플레이트 PL-13×200×220을 사용한다.

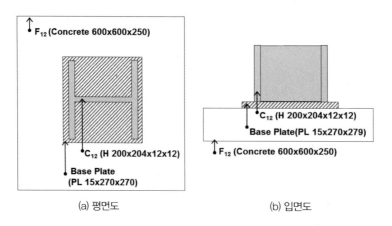

(a) 평면도   (b) 입면도

[그림 3.20] Y방향 휨 검토

3.2 한계상태설계법

한계상태설계법에 의한 강구조설계는 2장의 구조해석 결과를 바탕으로 이루어지며, KBC2009의 제7장 강구조 편을 따른다. 또한 필요에 따라 KBC2009의 제5장 콘크리트 편도 참조하였다. 3.2절 예제에 사용된 식 중 KBC2009의 경우에는 KBC2009의 본문과 같은 식번호만 사용하여 (0702.2.1)과 같이 표기하였다. 또한 다른 참고자료의 식 번호는 〈한계상태설계설계기준에 의한 강구조설계 예제집〉과 같이 전체 참고자료의 이름과 식 번호를 같이 표기하였다.

3.2.1 작은 보^Beam 설계: B_{21}

설계 대상은 3.1.1절의 허용응력설계법에 따라 설계된 2층에 위치한 작은 보 B_{21}이다. 일반적으로 작은 보는 거더와의 접합이 전단접합을 이용하기 때문에 단순보로 거동한다. 따라서 구조해석 모델링에 포함하지 않고, 별도로 해석하여 설계한다.

KBC2009에 따르면 작은 보는 상부 콘크리트 슬래브를 갖는 노출형 합성보이다. 합성보는 철골과 콘크리트 슬래브의 합성도에 따라 완전 합성과 불완전 합성으로 구분된다. 작은 보의 경우 약 60% 전후의 합성율을 갖도록 설계하고 있다. 또한 콘크리트 경화 전후에 따라 다른 단면성능을 갖고 있기 때문에 시공 단계를 구분하여 사용성을 검토해야 한다.

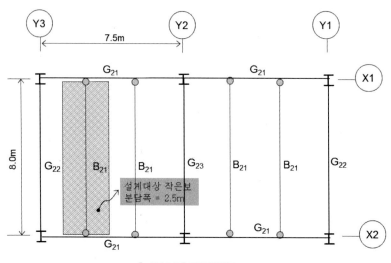

[그림 3.21] 구조평면도

(1) 설계 기본 정보

1) 강재

① 강종: SS400

② 재료성능: $F_y = 235\text{MPa}, \quad E_s = 205,000\text{MPa}$

2) 콘크리트

① 강도: 24MPa

② 탄성계수: $\begin{aligned} E_c &= 8,500\sqrt[3]{f_{cu}} \\ &= 8,500\sqrt[3]{32} \approx 26,986\,\text{N/mm}^2 \end{aligned}$ (0503.4.2)

$\qquad\qquad f_{cu} = f_{ck} + 8(\text{MPa}) = 24 + 8 = 32\text{MPa}$ (0503.4.3)

③ 탄성계수비: $n = \dfrac{E_s}{E_c} = \dfrac{205,000}{26,986} = 7.60$

3) 설계하중

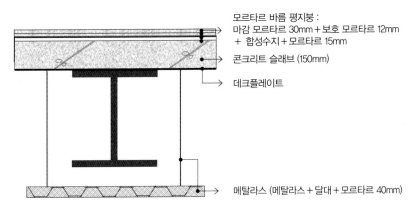

모르타르 바름 평지붕 :
마감 모르타르 30mm + 보호 모르타르 12mm
+ 합성수지 + 모르타르 15mm

콘크리트 슬래브 (150mm)

데크플레이트

메탈라스 (메탈라스 + 달대 + 모르타르 40mm)

[그림 3.22] 지붕층 사무소 고정하중 구성

고정하중	바닥(모르타르 바름 평지붕)		1.20
	콘크리트 슬래브	t=150mm	3.60
	데크플레이트		0.20
	천장(메탈라스)		0.95
	합계		5.95 kN/m²
활하중	(표 1.2 참조)		2.00 kN/m²

(2) 부재력 산정

부재력 산정은 한계상태설계법의 계수하중을 이용하여 등분포하중을 받는 단순보의 휨모멘트와 전단력을 산정하였다.

1) 계수하중 산정

작은 보에 작용하는 부재력을 산정하기 위하여 작은 보의 하중분담폭(B)

2.5m([그림 3.21])와 2.2.1절의 하중조합을 이용하여 다음과 같이 등분포계수
하중(w_u)을 산정하였다.

$$\omega_u = B(1.2D + 1.6L)$$

$$= 2.5 \ [(1.2 \times 5.9) + (1.6 \times 2.0)] = 25.7 \ kN/m$$

2) 휨모멘트 산정

등분포계수하중이 작용하는 단순보의 휨모멘트는 다음과 같다.

$$M_u = \frac{w_u l^2}{8}$$

$$= \frac{25.7 \, kN/m \times (8 \, m)^2}{8} = 205.6 \ kN \cdot m$$

3) 전단력 산정

등분포계수하중이 작용하는 단순보의 전단력은 다음과 같다.

$$V_u = \frac{w_u l}{2} = \frac{25.7 kN/m \times 8m}{2} = 102.8 \ kN$$

(3) 부재 가정과 슬래브 유효폭 산정

[표 2.1]에서 B_{21}은 $H \, 350 \times 175 \times 7 \times 11$과 콘크리트 슬래브의 합성보로 가
정되었다. 부재가정에 대한 설계조건표 사용방법은 [부록 H]에서 설명한다.

- 단면성능

  $A_s = 6,314 mm^2, \quad d = 350mm, \quad I_s = 1.36 \times 10^8 \, mm^3, \quad r = 14.7mm$

  $S_{ts} = 7.77 \times 10^5 \, mm^3$

- 콘크리트 슬래브 유효폭(b_c)

  KBC2009의 "0709.3.1.1 유효폭"에 따라 b_c는 다음 두 값 중 가장 작은

값을 사용한다.

$$2 \times \frac{l}{8} = 2,000\text{mm}$$

양쪽인접보와의 중심 간 거리 = 2,500mm

따라서 콘크리트 유효폭은 위의 두 값 중 작은 값인 2,000mm이다.

(4) 시어커넥터의 설계 (리브당 1개 배열)

합성보는 강재 부재와 철근콘크리트 부재가 하나의 단일 부재로 거동하는 구조 부재다. 합성보 거동을 위하여 사용된 시어커넥터Shear Connector의 설계는 [부록 G]를 참조한다. [부록 G]에 따르면 직경 ,ø16 높이 120mm인 시어커넥터를 300mm간격으로 1열 배치하면, 스팬의 1/2(4,000mm)에 시어커넥터를 300mm 간격으로 배치하게 되므로 모두 14개가 사용된다.

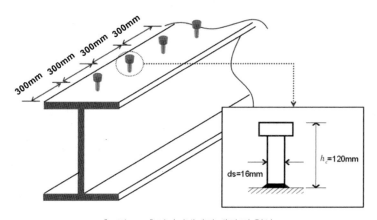

[그림 3.23] 시어커넥터의 배치 및 형상

(5) 정모멘트에 대한 설계휨강도 검토

정모멘트에 대한 설계휨강도는 KBC2009의 "0709.3.2.1 정모멘트에 대한 휨강도'를 이용한다. 설계휨강도의 산정 방법은 웨브의 판폭두께비의 값에 따라 두 가지로 구분한다.

1) 웨브의 판폭두께비

웨브의 판폭두께비가 $3.76 \sqrt{E/F_{yf}}$ 이하인 경우에는 합성단면의 소성응력분포로부터 설계휨강도를 산정하고, $3.76 \sqrt{E/F_{yf}}$ 을 초과하는 경우에는 합성단면의 탄성응력분포로부터 산정한다.

$$h/t_w = (350-2\times11)/7 = 46.9 \; < \; 3.76 \sqrt{E/F_{yf}} = 3.76 \sqrt{(260,000/235)} = 111$$

따라서 0709.3.2.1절의 다음 식 중 하나를 사용한다.

0709.3.2   시어커넥터를 갖는 합성의 강도
0709.3.2.1   정모멘트에 대한 휨강도

정모멘트에 대한 휨강도 는 항복한계 상태로부터 다음과 같이 구해진다.
øb = 0.90

(1) $h/t_w = 3.76 \leq \sqrt{E/F}$인 경우
M_n은 합성단면의 항복한계상태에 대해 소성응력분포로부터 산정한다. (소성모멘트)

(2) $h/t_w \rangle 3.76 \sqrt{E/F}$인 경우
M_n은 동바리의 영향을 고려하여 항복한계상태에 대해 탄성응력을 중첩하여 구한다. (항복모멘트)

---

2) 슬래브의 유효압축력

휨모멘트에 기여하는 슬래브의 유효압축력은 다음 세 값 중 최솟값을 사용한다.

$$C_e = \begin{cases} 0.85\,f_{ck}\,b_e\,t_c = & 0.85 \times 24\,\text{N/mm}^2 \times 2{,}000\text{mm} \times 150\text{mm} \quad (0709.3.1\text{a}) \\ = & 6{,}120\,\text{kN} \\ \text{A}_s\,\text{F}_y = 6{,}314\,\text{mm}^2 \times 235\,\text{N/mm}^2 = & 1{,}483\,\text{kN} \qquad\qquad (0709.3.1\text{b}) \\ \sum V_{sn} = 73.5\text{kN/m} \times 4{,}000\text{mm}/300\text{mm} = & 980\text{kN} \quad (0709.3.1\text{c}) \end{cases}$$

따라서 슬래브의 유효압축력은 980kN이다.

3) 소성중립축의 위치 판단

소성중립축의 위치는 슬래브 유효압축력(C_e), 철골보의 전체 단면의 항복축력(P_y), 철골보 웨브 단면의 항복축력(P_{yw})의 크기로부터 판단한다.

$$P_{yw} = (\text{d} - 2t_f)t_w F_{yw}$$
$$= \{(350\text{mm} - (2 \times 11\text{mm}) \times 7\text{mm} \times 235\text{N/mm}^2 = 539\text{kN}$$
$$P_y = A_s\,F_y = 6{,}314\text{mm}^2 \times 235\text{N/mm}^2 = 1{,}483\text{kN}$$

$P_{yw} \leqq C_e \leqq P_y$이므로 소성중립축이 플랜지 내에 있는 경우이다.

4) 설계휨강도

KBC2009 "0709.1.1.1 소성응력분포법'에 따라 소성중립축이 플랜지 내에 있는 경우로 공칭휨모멘트는 다음과 같다.

$$M_n = 0.5(\text{d} - t_f)\,P_y + (h_r + 0.5t_c + 0.5t_f)C_{yw}$$
$$= 0.5(350\text{mm} - 11\text{mm}) \times 1{,}483\text{kN} + (0.5 \times 150\text{mm} + 0.5 \times 11\text{mm}) \times 980\text{kN}$$
$$= 329.9 \text{ kN} \cdot \text{m}$$

$$\varnothing_b M_n = 0.85 \times 329.9 \text{kN} \cdot \text{m} = 280.4 \text{kN} \cdot \text{m} > \text{M}_\text{u} = 280.4 \text{kN} \cdot \text{m}$$

따라서 설계휨강도는 만족한다.

(6) 설계전단강도 검토

합성보의 설계전단강도는 철골보의 웨브의 전단력으로 검토하며, 따라서 KBC2009 "0707.2.1. 공칭전단강도'에 따라 구한다. 이때 웨브의 폭-두께 비에 따라서 전단력 산정식이 분류된다.

$$h/t_w = 48.9 < 2.25 \sqrt{E/F_{yw}} = 2.25 \sqrt{206,000/235} = 66.6$$

따라서 다음 식에 강도저감계수($\varnothing_v$)는 1.0, 전단좌굴감소계수(C_v)는 1.0을 사용한다.

$$V_n = 0.6 F_y A_w C_v \hspace{3cm} (0707.2.1)$$
$$= 0.6 \times 539 \times 1.0 = 324 \text{kN}$$

$$\varnothing_v V_n = 1.0 \times 324 = 291 \text{kN} > \text{V}_\text{u} = 104.2 \text{kN}$$

위의 식에 따라 설계전단강도는 만족한다.

(7) 처짐 검토

한계상태설계법은 강도설계 시에는 하중계수가 사용된 하중조합을 사용하지만, 처짐 검토는 사용성 상태로 허용응력설계법과 같은 하중조합에 대하여 검토한다.

3.2.2 거더^{Girder} 설계: G_{21}

설계 대상은 2층에 위치한 X1열의 거더 G_{21}이다. 일반적으로 거더는 기둥과 모멘트 접합을 하게 되며, 2장의 구조해석 시 단부조건을 고정단으로 가정하였다. 일반적으로 거더는 단부에서 부모멘트가 발생하므로 합성보로 설계하지 않으며, 철골 단면만 사용하여 KBC2009에 따라 설계한다.

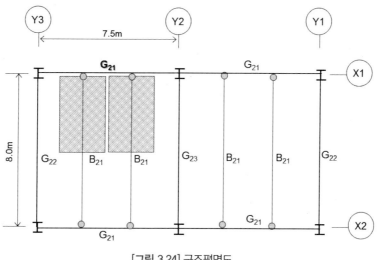

[그림 3.24] 구조평면도

(1) 기본 정보

2장에서 수행한 구조해석 결과로부터 거더 G_{21}에 작용하는 최대 모멘트는 $-212.4\text{kN} \cdot \text{m}$이고, 최대 전단력은 124.3kN이다. 강종은 SS400이며 이때 재료성능은 다음과 같다.

재료성능: F_y = 235MPa, E_s = 205,000MPa, G = 79,000MPa

(2) 소요강도 및 단면 가정

1) 소요 모멘트

$$M_u = -212.4\text{kN} \cdot \text{m}, \quad M_{u+} = 107.3\text{kN} \cdot \text{m}$$

2) 소요전단력

$$V_{u,max} = 124.3\text{kN}$$

3) 단면 가정

① 소요 소성단면계수

$$Z_x \geq \frac{M_u}{\phi_b F_y} = \frac{212.4 \times 10^6 \text{ kN} \cdot \text{m}}{0.9 \times 235 \text{ N/mm}^2} = 1.004 \times 10^6 \text{ mm}^3$$

H $396 \times 199 \times 7 \times 11$으로 가정하면 단면성능은 다음과 같다.

$A = 7{,}216\text{mm}^2, \quad I_x = 2.0 \times 10^8 \text{ mm}^4, \quad I_y = 1.45 \times 10^7 \text{ mm}^4$

$r_y = 44.8\text{mm}, S_x = 1.01 \times 10^6 \text{ mm}^3, \quad Z_x = 1.09 \times 10^6 \text{ mm}^3$

② 소성단면계수 산정

$A_1 = 199\text{mm} \times 11\text{mm} = 2{,}198\text{mm}^2$

$A_2 = 187\text{mm} \times 7\text{mm} = 1{,}309\text{mm}^2$

$y_1 = 187\text{mm} + 11\text{mm} /2 = 192.5\text{mm}$

$y_2 = 187\text{mm} /2 = 93.5\text{mm}$

$Z_x = 2 (A_1 \times y_1 + A_2 \times y_2)$

$\quad = 2 \times (2{,}198\text{mm}^2 \times 192.5\text{mm} + 1{,}309\text{mm}^2 \times 93.5\text{mm})$

$\quad = 1.09 \times 10^6 \text{mm}^3$

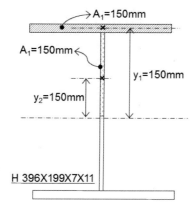

A₁=150mm
A₁=150mm
y₁=150mm
y₂=150mm

H 396X199X7X11

[그림 3.25] 소성단면계수 산정

(3) 단면 검토

1) 설계휨강도($\varnothing_v M_n$)의 산정

KBC2009의 [표 0706.1]에서와 같이 단면 형태에 따라 플랜지, 웨브에 발생하는 한계상태를 분류하고 있다. 단면의 콤팩트, 비콤팩트에 대한 판폭두께비 제한값은 KBC2009의 [표 0702.4.1]과 같다.

표 0706.1 휨재 단면의 분류

해당절	단면의 형태	플랜지	웨브	한계상태
0.706.2		콤팩트	콤팩트	항복 횡좌굴
0.706.3		비콤팩트 세장판요소	콤팩트	횡좌굴 플랜지국부좌굴
0.706.4		콤팩트 비콤팩트 세장판요소	콤팩트 비콤팩트	항복 횡좌굴 플랜지국부좌굴 인장플랜지항복

0.706.5		콤팩트 비콤팩트 세장판요소	세장판요소	항복 횡좌굴 플랜지국부좌굴 인장플랜지항복
0.706.6		콤팩트 비콤팩트 세장판요소	–	항복 플랜지국부좌굴
0.706.7		콤팩트 비콤팩트 세장판요소	콤팩트 비콤팩트	항복 횡좌굴 웨브국부좌굴
0.706.8		–	–	항복 국부좌굴
0.706.9		콤팩트 비콤팩트 세장판요소	–	항복 횡좌굴 플랜지국부좌굴
0.706.10		–	–	항복 횡좌굴 플랜지국부좌굴
0.706.11		–	–	항복 횡좌굴
0.706.12	비대칭 단면	–	–	모든 한계상태 포함

① 플랜지의 국부좌굴강도 산정

$$\lambda_p = 0.38\sqrt{\frac{E}{Fy}} = 0.38\sqrt{\frac{206,000}{235}} = 11.2 \qquad \langle 표0707.2.3 \rangle$$

$$\lambda = \frac{b}{t} = \frac{b_f}{2t_f} = \frac{199\,\text{mm}}{2 \times 11\,\text{mm}} = 9.05 < \lambda_p = 11.2$$

$$M_n = M_p = 256.2\,\text{kN} \cdot \text{m}$$

따라서 플랜지 국부좌굴강도는 256.2kN · m이다.

② 웨브의 국부좌굴강도 산정

$$\lambda_p = 3.76\sqrt{\frac{E}{F_{yf}}} = 3.76\sqrt{\frac{206,000}{235}} = 111.1 \qquad \langle 표0707.2.3\rangle$$

$$\lambda = \frac{h_c}{t_w} = \frac{396\,\text{mm} - 2\,(11\,\text{mm} + 16\,\text{mm})}{7\,\text{mm}} = 48.9 < \lambda_p = 111.1$$

$$M_n = M_p = 256.2\,\text{kN} \cdot \text{m}$$

따라서 웨브 국부좌굴강도는 256.2kN · m이며, 한계상태는 항복과 횡좌굴이다.

③ 횡좌굴강도 산정

보가 휨하중을 받으면 처음에는 하중면 내로만 처짐이 생기지만, 휨모멘트가 어느 값에 도달하면 보는 갑자기 횡방향으로 처짐과 동시에 비틀림을 일으킨다. 이것은 좌굴현상의 하나로서 보의 횡좌굴lateral buckling이라고 한다. 일반적으로 보는 휨하중이 작용하는 방향의 강성은 그것과 직교 방향의 강성에 비해서 매우 크고, 횡좌굴은 횡방향 변형에 대한 지지력이 작은 보에서 잘 일어나는 현상이다. 따라서 보설계시 중요한 검토사항이며, KBC2009 '0706.2 강축휨을 받는 2축 대칭 H형강 또는 ㄷ형강 콤팩트 부재'에 따라 설계되어야 한다.

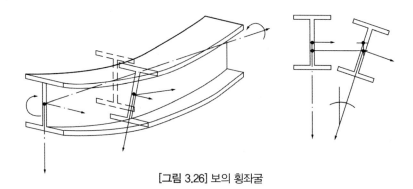

[그림 3.26] 보의 횡좌굴

소성한계비지지길이(L_p)와 비지지된 보의 약축에 대한 비지지길이(L_b)의 크기를 통하여 횡좌굴강도를 결정한다. 작은 보가 거더를 2,500mm 간격으로 지지하고 있으므로 비지지된 보의 약축의 길이는 2,500mm이다.

$$L_p = 1.76\, r_y \sqrt{\frac{E}{F_{yf}}} = 2,334 \text{ mm} \qquad (0706.2.5)$$

따라서 L_b가 L_p보다 크므로, 0707.2.2.3에 따라 탄성한계비지지길이(L_r)를 계산하여야 한다.

$$L_r = 1.95\, r_{ts} \frac{E}{0.7F_y} \sqrt{\frac{Jc}{S_x h_o}} \sqrt{1 + \sqrt{1 + 6.76\left(\frac{0.7F_y}{E} \frac{S_x h_o}{Jc}\right)^2}} \quad (0706.2.6)$$

여기서 사용된 변수값은 다음과 같다.

- 뒤틀림 상수 C_w (mm^6)

$$C_w = \frac{I_f h^2}{2} \simeq \frac{I_y h^2}{4}$$

$$= \frac{1.45 \times 10^7 \text{mm}^4 \times (396\text{mm} - 11\text{mm})^2}{4} = 5.373 \times 10^{11} \text{mm}^6$$

• 비틀림 상수 J (mm^4)

직사각형으로 구성된 단면의 비틀림 상수는 (장변 길이)×(단변 길이)3/3로 구할 수 있다.

$$J = \sum \frac{bt^3}{3} = \frac{199\text{mm} \times (11\text{mm})^3 + (396\text{mm} - 2 \times 11\text{mm}) \times (7\text{mm})^3}{3} = 219,340\,\text{mm}^4$$

• 계수 h_o

$$h_o = 396\,\text{mm} - \frac{11\text{mm}}{2} \times 2 = 385\,\text{mm} \quad \text{(상하부 플랜지 간 중심거리)}$$

• 계수 r_{ts}

$$r_{ts}{}^2 = \frac{\sqrt{I_y C_w}}{S_x} \tag{0706.2.7}$$

$$= \frac{\sqrt{1.45 \times 10^7 \times 5.373 \times 10^{11}}}{1.01 \times 10^6} = 2,764\,\text{mm}^2$$

$$r_{ts} = \sqrt{2,764\,\text{mm}^2} = 52.6\,\text{mm}$$

• 계수 c

$$c = 1 \,(\text{2축 대칭 H형 부재의 경우}) \tag{0706.2.8a}$$

따라서 탄성한계비지지길이(L_r)는 다음과 같다.

$$L_r = 1.95 r_{ts} \frac{E}{0.7 F_y} \sqrt{\frac{Jc}{S_x h_o}} \sqrt{1 + \sqrt{1 + 6.76 \left(\frac{0.7 F_y}{E} \frac{S_x h_o}{Jc} \right)^2}}$$

$$= (1.95)(52.6) \frac{205,000}{0.7 \times 235} \sqrt{\frac{219,340 \times 1}{1.01 \times 10^6 \times 385}}$$

$$\times \sqrt{1 + \sqrt{1 + 6.76 \left(\frac{0.7 \times 235}{205,000} \frac{1.01 \times 10^6 \times 385}{219,340 \times 1} \right)^2}} = 6,689\,\text{mm}$$

$L_P < L_b < L_r$이므로 식 (0706.2.2)를 사용하여 횡좌굴강도(M_n)를 산정한다.

$$M_n = C_b \left[M_p - (M_p - 0.7 F_y S_x)(\frac{L_b - L_p}{L_r - L_p}) \right] \leq M_p \qquad (0706.2.2)$$

여기서 사용된 모멘트값을 계산하면 다음과 같다.

$$0.7 S_x F_y = 0.7 \times 1.01 \times 10^6 \text{mm}^3 \times 235 \,\text{N/mm}^2 = 166.1 \,\text{kN} \cdot \text{m}$$

$$M_p = Z_x \, F_y = 1.09 \times 10^6 \text{mm}^4 \times 235 \,\text{N/mm}^2 = 256.2 \text{kN} \cdot \text{m}$$

$$M_n = 1.0 \left[256.2 \text{kN} \cdot \text{m} - (256.2 \text{kN} \cdot \text{m} - 166.1 \text{kN} \cdot \text{m})(\frac{2,500\text{mm} - 2,334\text{mm}}{6,689\text{mm} - 2,334\text{mm}}) \right]$$

$$= 252.8 \text{kN} \cdot \text{m}$$

따라서 횡좌굴강도는 252.8kN · m이다.

①, ②, ③에서 공칭휨강도는 다음과 같다.

$M_n = 252.8 \text{kN} \cdot \text{m}$

$\therefore \ \phi_v M_n = 0.9 \times 252.8 \text{kN} \cdot \text{m} = 227.5 \text{kN} \cdot \text{m}$

2) 설계전단강도($\phi_v V_n$)의 산정

웨브의 판폭두께비(h/t_w)가 260이하이고, 스티프너가 없는 웨브의 설계전단강도는 웨브의 판폭두께비 h/t_w에 따라 설계전단강도 산정식이 구분된다.

$$\frac{h_c}{t_w} = \frac{396\,\text{mm} - 2\,(11\,\text{mm} + 16\,\text{mm})}{7\,\text{mm}} = 48.9$$

$$2.24 \sqrt{E/F_{yw}} = 2.24 \sqrt{205,000/235} = 66.2$$

$$\frac{h}{t_w} = 48.9 < 2.24 \sqrt{E/F_{yw}} = 66.2$$

이므로 KBC2009 '07072.1 공칭전단강도'를 사용하며 $h/t_w \leq 2.24 \sqrt{E/F_y}$ 인 압연 H형강의 웨브이므로 $\phi_v = 1.0$, $C_v = 1.0$을 사용한다.

$$\phi_v V_n = \phi_v 0.6 F_{yw} A_w C_v \text{ (0707.2.1)}$$
$$= 0.6 \times 235\text{N/mm}^2 \times 396\text{mm} \times 7\text{mm} = 391\text{kN}$$

따라서 설계전단강도는 391kN이다.

(4) 소요강도(M_n, V_n)와 설계강도($\emptyset_v M_n$, $\emptyset_v V_n$)의 비교

앞에서 산출한 소요강도와 설계강도를 비교하면 모든 설계강토가 크므로 만족한다.

$M_u = 212.4\text{kN} \cdot \text{m} < \phi_v M_n = 227.5\text{kN} \cdot \text{m}$

$V_u = 124.3\text{kN} < \phi_v V_n = 351.9\text{kN}$

(5) 처짐검토

각 하중 단계별 처짐은 상용 프로그램을 통하여 얻은 값이다.

1) 적재하중에 대한 처짐 산정

$$6.46 \text{ mm} < \frac{L}{300} = \frac{4,500}{300} = 15\,\text{mm} \quad\quad\quad \text{(OK)}$$

2) 최종 상태 변형 검토

$$5.30\,\text{mm} < \frac{L}{300} = \frac{7,500}{300} = 25\,\text{mm} \quad\quad\quad \text{(OK)}$$

따라서 H $396 \times 199 \times 7 \times 11$단면이 만족한다.

※ 철골보 자중 검토

설계 시 철골보 자중을 0.49kN/m으로 가정하였고, 선택된 단면은 0.56kN/m지만 내력 및 처짐에서 충분히 만족한다.

3.2.3 기둥 설계: C_{12}

설계 대상은 1층에 위치한 Y2열의 기둥 C_{12}다. 기둥은 거더과 모멘트 접합으로 연결되어 있으며, 2장 구조해석 결과에 따라 설계하였다. 기둥은 1층에 가장 큰 축력이 발생하며, 철골기둥 C_{12} 상부에는 모멘트가 작용한다. 구조설계는 KBC2009에 따른 한계상태설계법을 사용하였다.

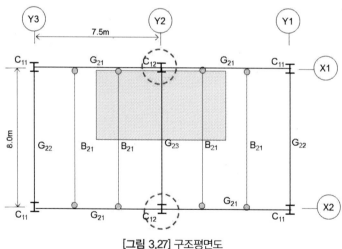

[그림 3.27] 구조평면도

(1) 기본 정보

2장에서 수행한 구조해석 결과로부터 기둥 C12에는 최대 축력 689.6kN와 최대 모멘트 45.7kN·m이 동시에 작용하므로 조합응력(모멘트+축력)에 대하여 설계되어야 한다.

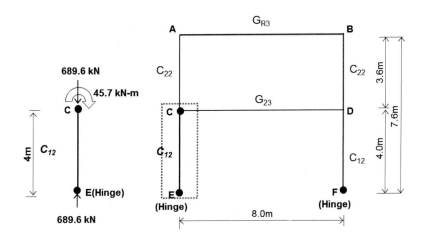

[그림 3.28] 기둥 C12에 작용하는 부재력

1) 기둥의 유효좌굴길이 계수(K) 산정

기둥의 유효좌굴길이계수 결정에는 골조의 횡지지여부에 따라 [부록 F]의 서로 다른 차트를 이용하며, 이 예제의 경우 가새와 같은 횡지지부재가 없으므로 비횡지지된 골조로 구분된다. 유효좌굴길이 계수는 기둥의 강성과 보의 강성비에 따라 결정된다. 기둥과 보의 단면2차모멘트는 2.2.1에서 가정한 부재 값을 사용한다.

$G_E = 10.0$ (Pin End)

$G_C = \sum (I_c/L_c) / \sum (I_g/L_g)$

$= (29,390\text{cm}^4/360\text{cm} + 29,390\text{cm}^4/400\text{cm})/(13,600\text{cm}^4/800\text{cm}) = 9.12$

[부록 F]의 Alignment Chart로부터 기둥의 유효좌굴길이 계수는 0.97이다.

따라서 $KL = 0.97 \times 4\text{m} = 3.88\text{m}$이다.

(2) 단면 가정

1) 등가축하중법에 의한 단면 가정

축력과 휨력을 함께 받는 부재에 대한 단면 가정을 위하여 〈한계상태설계 기준에 의한 강구조설계 예제집(2002)〉에 등가축하중법이 소개되어 있다. 여기서는 이 예제집에 소개된 등가축하중법을 이용하여 초기단면을 설정하였다.

① m과 U값의 선택

초기 가정단면이 H 300×300시리즈로 기둥단면에 사용되는 r_x / r_y의 비가 1.74에서 1.75까지 분포되어 있어 r_x / r_y를 1.75로 가정하였다.

약축에 대한 유효길이 산정을 위하여 X축 유효길이를 Y축 단면 성능으로 환산하는 방법

$$\frac{(KL)_{y,eq}}{r_y} = MAX[\frac{(KL)_y}{r_y}, \frac{(KL)_x}{r_x}]$$

$$(KL)_{y,eq} = MAX[(KL)_y, (KL)_x / (r_x/r_y)]$$

$(KL)_{yeq} = MAX[3,880, 4,000/1.75] = 3,880\text{mm}$

$F_y = 235\text{N/mm}^2, (KL_y)_{eq} = 3,880\text{mm}$

H300×300을 참조하여 〈한계상태설계기준에 의한 강구조설계 예제집 (2002)〉의 [부록 G]를 이용하면 m=6.15 이다.

② 등가축하중의 계산

$P_{u,eff} = P_u + mM_{ux} + mUM_{uy} = 689.6 + (6.15)(45.7) + 0 = 981.7\text{kN}$

③ 등가축하중의 수정 여부

$P_u/P_{u,eff}$ = 689.6/981.7 = 0.7 > 0.2이므로 등가축하중을 수정할 필요가 없다.

④ 단면 가정

[부록 G]를 사용하면 $(KL)_{y,eq}$=3,880mm에 대해 $P_{u,eff}$=981.7kN을 지지하는 단면을 재선정하면 H248×249×8×13($\varnothing_c P_n$ =1,520kN > $P_{u,eff}$=981.7kN)이다.

따라서 H 248×249선택이 가능하다.

(3) 휨성능 검토

선택된 단면인 H 248×249×8×13의 주요 단면성능은 다음과 같다.

h (철골보 높이) = 248mm

b (플랜지 폭) = 249mm

t_w (웨브 두께) = 8mm

t_f (플랜지 두께) = 13mm

A (단면적) = 8,470mm^2

I_x (단면2차모멘트) = 99,300,000mm^4

I_y (단면2차모멘트) = 33,500,000mm^4

r_x (단면2차반경) = 108.0mm

r_y (단면2차반경) = 62.9mm

S_x (단면계수) = 800,806mm^3

S_y (단면계수) = 269,076mm^3

C_w (뒤틀림계수) = 462,509,375,000 mm^6

J (비틀림계수) = 404,809 mm^4

Z_x (소성단면계수) = 859,263 mm^3

Z_y (소성단면계수) = 406,559 mm^3

1) 설계휨강도 (Ø$_v$M$_n$) 산정

설계휨강도는 KBC2009의 [표 0706.1]에 제시된 단면형상과 모멘트 작용하는 축방향에 따라 한계상태가 결정된다. 설계 대상인 기둥 C_{12}는 약축방향에는 모멘트가 발생하지 않고 강축방향으로 모멘트가 작용하고 있다. 이 경우의 한계상태는 국부좌굴과 횡좌굴이다. 따라서 KBC2009 '0706.2 강축휨을 받는 2축대칭 H형강 또는 ㄷ형강 콤팩트부재'에 따라 설계되어야 한다.

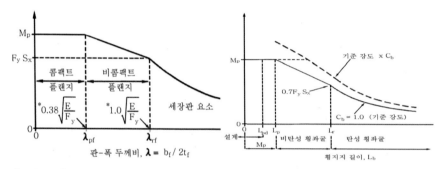

[그림 3.30] 공칭휨강도와 판폭두께비와의 관계 [그림 3.31] 공칭휨강도와 횡지지길이와의 관계

① 국부좌굴강도 산정

플랜지: $\lambda = \dfrac{b}{2t_f} = \dfrac{249}{(2)(13.0)} = 9.58$

$\langle \ \lambda_p = 0.38\sqrt{\dfrac{E}{F_y}} = 0.38\sqrt{\dfrac{205,000}{235}} = 11.2$ (OK)

웨 브: $\dfrac{P_u}{\phi_b P_y} = \dfrac{689,600}{(0.9)(235)(8,470)} = 0.385 > 0.125$ 이므로

$\lambda_p = 1.12\sqrt{\dfrac{E}{F_y}}\left[2.33 - \dfrac{P_u}{\phi_b P_y}\right] \geqq 1.49\sqrt{\dfrac{E}{F_y}}$ 를 검토하면

$\lambda_p = 64.3 > 44.0$ $\lambda_p = 64.3$
(OK)

$$\lambda = \frac{h}{t_w} = \frac{248-(2)(13)-(2)(16)}{8} = 23.8 \quad < \quad \lambda_p = 64.3$$

$$M_p = Z_x \ F_y = 8.59 \times 10^5 \,\text{mm}^4 \times 235 \,\text{N/mm}^2 = 201.9 \text{kN} \cdot \text{m}$$

$$\therefore \ \emptyset_v M_n = \emptyset_v M_p$$

웨브와 플랜지 국부좌굴에 의한 설계휨모멘트는 $\emptyset_v M_{nx} = (0.9)(201.9)$ $=181.7 \text{kN} \cdot \text{m}$ 이다. 따라서 설계휨모멘트는 $181.7 \text{kN} \cdot \text{m}$이다.

② 횡좌굴강도에 의한 설계강도 산정

소성한계비지지길이(L_p)와 비지지된 보의 약축에 대한 비지지길이(L_b)의 크기를 통하여 횡좌굴강도를 결정한다. 기둥의 길이가 4,000mm로 비지지 길이는 4,000mm이다.

$$L_p = 1.76\,r_y\sqrt{\frac{E}{F_{yf}}} \qquad\qquad (0706.2.5)$$
$$= (1.76)(62.9)\sqrt{\frac{205,000}{235}} = 3,270 \ \text{mm}$$

따라서 L_b가 L_p보다 크므로, 0707.2.2.3에 따라 탄성한계비지지길이(L_r)를 계산하여야 한다.

$$L_r = 1.95 r_{ts}\frac{E}{0.7F_y}\sqrt{\frac{Jc}{S_x h_o}}\sqrt{1+\sqrt{1+6.76\left(\frac{0.7F_y}{E}\frac{S_x h_o}{Jc}\right)^2}} \qquad (0706.2.6)$$

여기서 사용된 변수값은 다음과 같다.

- 계수 h_0

$$h_o = 248\,\text{mm} - \frac{13\text{mm}}{2} \times 2 = 235\ \text{mm} \qquad \text{(상하부플랜지간 중심거리)}$$

- 계수 r_{ts}

$$r_{ts}^{\ 2} = \frac{\sqrt{I_y C_w}}{S_x} \qquad\qquad\qquad (0706.2.7)$$

$$= \frac{\sqrt{3.35 \times 10^7 \times 4.625 \times 10^{11}}}{8.01 \times 10^5} = 4{,}915\ \text{mm}^2$$

$$r_{ts} = \sqrt{4{,}915\,\text{mm}^2} = 70.1\ \text{mm}$$

- 계수 c

$c = 1$ (2축 대칭 H형 부재의 경우) (0706.2.8a)

따라서 탄성한계비지지길이(L_r)는 다음과 같다.

$$L_r = 1.95 r_{ts} \frac{E}{0.7 F_y} \sqrt{\frac{Jc}{S_x h_o}} \sqrt{1 + \sqrt{1 + 6.76\left(\frac{0.7 F_y}{E} \frac{S_x h_o}{Jc}\right)^2}}$$

$$= (1.95)(70.1)\frac{206{,}000}{0.7 \times 235} \sqrt{\frac{404{,}809 \times 1}{8.01 \times 10^5 \times 235}}$$

$$\times \sqrt{1 + \sqrt{1 + 6.76\left(\frac{0.7 \times 235}{205{,}000} \frac{8.01 \times 10^5 \times 235}{404{,}809 \times 1}\right)^2}} = 12{,}272\text{mm}$$

$L_p < L_b < L_r$ 이므로 식(0706.2.2)를 사용하여 횡좌굴강도(M_n)를 산정한다.

$$M_n = C_b \left[M_p - (M_p - 0.7 F_y S_x)\left(\frac{L_b - L_p}{L_r - L_p}\right) \right] \leq M_p \qquad (0706.2.2)$$

여기서 사용된 모멘트값을 계산하면 다음과 같다.

$$0.7 S_x F_y = 0.7 \times 8.01 \times 10^5 \mathrm{mm}^3 \times 235\,\mathrm{N/mm}^2 = 131.8\,\mathrm{kN \cdot m}$$

$$M_p = Z_x\ F_y = 8.59 \times 10^5 \mathrm{mm}^4 \times 235\,\mathrm{N/mm}^2 = 201.9\,\mathrm{kN \cdot m}$$

기둥의 단부 모멘트가 발생하므로 횡좌굴모멘트 수정계수(C_b)가 1.0이 아니므로 식으로 산정한다.

$$C_b = \frac{12.5 M_{\max}}{2.5 M_{\max} + 3 M_A + 4 M_B + 3 M_C} R_m \le 3.0 \qquad (0706.1.1)$$

여기서 사용된 변수값은 다음과 같다.

• M_{max}

비지지구간에서 최대 모멘트 절대값으로 1층 기둥 상부 모멘트가 최대 모멘트로 $45.7\,\mathrm{kN \cdot m}$이다.

• M_A

비지지구간에서 1/4지점의 모멘트 절대값으로 지점이 힌지로 모멘트가 0이다. 따라서 1/4지점의 모멘트는 최대 모멘트의 1/4인 $11.4\,\mathrm{kN \cdot m}$이다.

• M_B

비지지구간에서 중앙부의 모멘트 절대값으로 지점이 힌지로 모멘트가 0이다. 따라서 1/2지점의 모멘트는 최대 모멘트의 1/2인 $22.8\,\mathrm{kN \cdot m}$이다.

• M_C

비지지구간에서 3/4지점의 모멘트 절대값으로 지점이 힌지로 모멘트가 0

이다. 따라서 1/2지점의 모멘트는 최대 모멘트의 1/2인 34.2kN·m이다.

• R_m

단면형상계수로 2축 대칭부재의 경우 1.0이다.

$$C_b = \frac{12.5 M_{\max}}{2.5 M_{\max} + 3M_A + 4M_B + 3M_C} R_m \leq 3.0 \qquad (0706.1.1)$$

$$= \frac{12.5 \times 45.7}{2.5 \times 45.7 + 3 \times 11.4 + 4 \times 22.8 + 3 \times 34.2} \times 1 = 1.67$$

$$M_n = 1.67 \left[201.9\,\text{kN} \cdot \text{m} - (201.9\,\text{kN} \cdot \text{m} - 131.8\,\text{kN} \cdot \text{m})(\frac{4,000\text{mm} - 3,270\text{mm}}{12,272 - 3,270\text{mm}}) \right]$$

$$= 1.67 \times 196.2\,\text{kN} \cdot \text{m} = 327.7\,\text{kN} \cdot \text{m} \leq \text{M}_p = 201.9\,\text{kN} \cdot \text{m}$$

$$\varnothing_b M_{nx} = (0.9)(201.9) = 181.7\,\text{kN} \cdot \text{m}$$

따라서 설계횡좌굴강도는 181.7kN·m이다.

①과 ②로부터 설계휨모멘트는 181.7kN·m이다.

2) M_{ux}의 계산

휨과 축력을 받는 경우, 휨에 의한 횡변위(Δ)가 발생하는데 이때 축력(P)에 의한 추가 모멘트가 발생한다. 이것이 P-Δ (또는 δ) 효과이며, 이때 발생하는 부가모멘트도 설계모멘트에 반영해야 한다. KBC2009 '0703.2.1.2 증폭 1차 탄성해석에 의한 2차 해석'에 따른다.

$$M_{ux} = B_{1x}M_{u1x} + B_{2x} M_{u2x} \qquad (0703.2.1a)$$

$$B_{1x} = \frac{C_m}{1 - P_u/P_{e1}} \qquad\qquad (0703.2.2)$$

$$C_m = 0.6 - 0.4\left(\frac{M_1}{M_2}\right) = 0.6 - 0.4\left(\frac{0}{45.7}\right) = 0.6 \qquad\qquad (0703.2.4)$$

$$P_{e1} = \frac{F_y A_g}{\lambda_c^2} \text{ (오일러 좌굴하중)} \qquad\qquad (0703.2.5)$$

$$P_{e1} = \frac{F_y A_g}{\lambda_c} = F_y A_g \frac{r^2 \pi^2 E}{(KL)^2 F_y} = F_y A_g \frac{I}{A_g} \frac{\pi^2 E}{(KL)^2 F_y} = \frac{\pi^2 E I_x}{(KL)^2}$$

$$P_{e1} = \frac{\pi^2 E I_x}{(K_x L_x)^2} = \frac{\pi^2 (205,000)(99,300,000)}{(3,880)^2} = 4,267 \, \text{kN}$$

$$B_{x1} = \frac{0.6}{1 - (689.6/4,267)} = 0.477 < 1.000 \quad \therefore B_1 = 1.000$$

2차 효과를 고려한 계수휨모멘트는 $M_{ux} = (1.000)(64.0) = 64.0 \text{kN} \cdot \text{m}$ 이다.

(4) 설계압축강도

공칭압축강도(P_n)는 휨좌굴, 비틀림좌굴, 휨-비틀림좌굴의 한계상태를 가지며, 2축 대칭부재의 경우 휨좌굴에 대한 한계상태를 적용할 수 있다.

1) 국부좌굴검토

KBC2009 [표0703.5.1]에 따라 국부좌굴을 검토해야 한다.

① 플랜지 국부좌굴 검토

$$\lambda = \frac{b}{2t_f} = \frac{248}{(2)(13.0)} = 9.58$$

$$< \ \lambda_r = \ 0.83\sqrt{\frac{E}{F_L}} = \ 0.83\sqrt{\frac{205,000}{166}} = \ 29.2 \qquad (OK)$$

② 웨브 국부좌굴 검토

$$\lambda = \frac{h}{t_w} = \frac{249 - (2)(13) - (2)(16)}{8} = 23.75$$

$$< \ \lambda_r = \ 1.49\sqrt{\frac{E}{F_y}} = \ 1.49\sqrt{\frac{205,000}{235}} = \ 44.0 \qquad (OK)$$

2) 설계압축강도

휨좌굴에 대한 압축강도는 KBC2009 '0705.3 휨좌굴에 대한 압축강도'에 따라 설계한다. 기둥의 강축과 약축에 대한 세장비는 다음과 같다.

강축 : $\quad \dfrac{K_x L_x}{r_x} = \dfrac{3,880}{106} = 36.6$

약축 : $\quad \dfrac{K_y L_y}{r_y} = \dfrac{3,880}{62.9} = 61.7$

각 세장비는 휨좌굴응력(F_{cr}) 산정식을 구분하는 세장비인 139.1 ($= 4.71\sqrt{\dfrac{205,000}{235}}$)이므로 휨좌굴응력은 KBC2009의 식 (0705.3.1)을 따라 산정한다.

$$4.71\sqrt{\frac{205,000}{235}} = \ 139.1 \qquad\qquad (0706.3.4)$$

설계에 사용될 약축에 대한 탄성좌굴응력(F_e)은 다음과 같다.

$$F_e = \frac{\pi^2 E}{\left(\dfrac{KL}{r}\right)^2} \tag{0705.3.4}$$

$$= \frac{\pi^2 \times 205{,}000}{61.7^2} = 531 \text{ MPa}$$

따라서 휨좌굴응력(F_{cr})은 다음과 같이 산정한다.

$$F_{cr} = \left[0.658^{\frac{F_y}{F_e}}\right] F_y \tag{0705.3.2}$$

$$F_{cr} = \left[0.658^{\frac{235}{531}}\right](235\text{MPa}) = 195 \text{ MPa}$$

설계압축강도는 $\phi_c P_n = \phi_c F_{cr} A_g = (0.9)(195)(8{,}470) = 1{,}486\text{kN}$ 이다.

(5) 조합력 검토

$$\frac{P_u}{\phi_c P_n} = \frac{689.6}{1{,}486} = 0.46 > 0.20 \text{ 이므로}$$

$$\frac{P_u}{\phi_c P_n} + \frac{8}{9}\frac{M_{ux}}{\phi_b M_{nx}} < 1.0 \tag{0708.1.1}$$

$$\frac{P_u}{\phi_c P_n} + \frac{8}{9}\frac{M_{ux}}{\phi_b M_{nx}} = 0.460 + \left(\frac{8}{9}\right)\left(\frac{45.7}{181.7}\right) = 0.460 + 0.252 = 0.712 < 1.0$$

따라서 가정한 H 248×249×8×13을 만족한다.

이 부재는 조합응력에대하여 다소 여유가 있으며, 3.1.3절의 허용응력설계
법에따른 응력비 0.7과 비교하면 큰 차이를 보이지않는다.

3.2.4 주각 설계: F_{12}

(1) 기본 정보(구조해석 결과)

3.2.3절에서 설계한 기둥 C_{12} (H $248 \times 249 \times 8 \times 13$)의 하부에 위치하는 기초 F_{12}를 설계하며, 이때 작용하는 설계하중은 구조해석 결과에 따라 다음과 같다.

$M_{max} = 0.0$ kN $\cdot$ m (기둥 Hinge)

$P_{max} = 689.6$ kN

콘크리트 기초 = $600 \times 600 \times 250 (f_{ck}=21$ MPa$)$

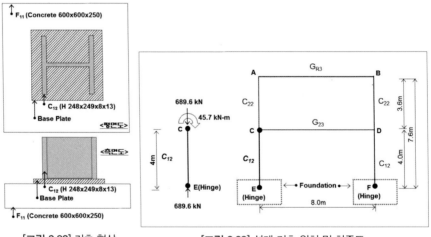

[그림 3.32] 기초 형상　　[그림 3.33] 설계 기초 위치 및 하중도

축력만 받는 베이스 플레이트를 설계하는 기본 개념은 3.1.4절과 같은 힘의 경로를 통하여 설명된다. 기둥단부에서 베이스 플레이트로 축력이 전달되고, 다시 베이스 플레이트에서 콘크리트 기초로 전달된다[그림 3.34(a)].

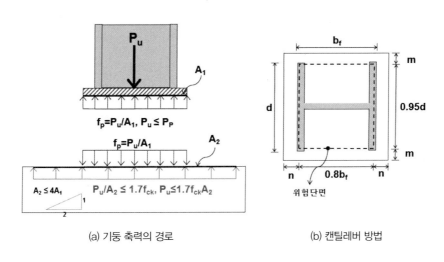

철골 기둥 → 베이스 플레이트 → 콘크리트 기초

(a) 기둥 축력의 경로　　　　　(b) 캔틸레버 방법

[그림 3.34] 베이스 플레이트 설계 개념(한계상태설계법)

이 과정에서 기둥의 계수축력(P_u)이 베이스 플레이트 단면적(A_1)으로 고르게 분포되어 콘크리트 기초로 전달된다. 이러한 계수축력은 베이스 플레이트의 지압력(P_P)과 콘크리트 지압응력($1.7f_{ck}A_1$)에서 전달되는 힘보다 작아야 파괴가 발생하지 않는다. 지압력이 베이스 플레이트의 허용지압력과 콘크리트 지압력보다 작도록 베이스 플레이트의 단면적(A_1)을 결정한다.

위의 방법으로 결정된 베이스 플레이트 단면적(A_1)에 대한 플레이트의 두께(t_p)를 결정하는 방법으로 3.1.4절에서 사용한 캔틸레버 방법Cantilever Approach을 사용한다. 휨응력 산정시 허용응력법에서 탄성단면계수(S_x)를 사용하였고, 한계상태설계법에서는 소성단면계수(Z_x)를 사용한다는 점에서 차이가 있다.

〈베이스 플레이트 설계 과정〉

요구되는 베이스 플레이트 단면적(A_1) 산정   : 3.2.4(2) 1)

↓

베이스 플레이트 단면치수(B, n) 결정   : 3.2.4(2) 1)

↓

베이스 플레이트의 지압력(P_p) 산정   : 3.2.4(2) 1)

↓

실제 지압응력(f_p) 산정   : 3.2.4(2) 2)

↓

베이스 플레이트 치수(m, n) 산정   : 3.2.4(3) 1)

↓

베이스 플레이트 요구 두께(t_p) 산정   : 3.2.4(3) 2)

---

(2) 베이스 플레이트 크기 산정

1) 베이스 플레이트의 크기 결정

주각부는 기둥의 하중과 모멘트를 기초에 전달할 수 있도록 설계되어야 하며, 이때 콘크리트의 설계지압강도($\varnothing_c P_p$)는 콘크리트 압괴의 한계상태에 의하여 결정된다. KBC2009 '0710.8 주각부 및 콘크리트의 지압'에 따라 설계하며, 강도저감계수($\varnothing_c$)는 0.6을 사용한다. [그림 3.34]와 같이 콘크리트 단면의 일부분이 지압을 받는 경우 다음 식을 이용한다.

$$P_p = 0.85 f_{ck} A_1 \sqrt{A_2 / A_1} \leqq 1.7 f_{ck} A_1 \qquad\qquad (0710.8.2)$$

따라서 기둥을 지지하는 콘크리트 면적(A_2)과 베이스플레이트 면적(A_1)의 비($\sqrt{A_2/A_1}$)가 2배 이하가 되는지 검토한다.

$$A_2 = 600 \times 600 = 3.6 \times 10^5 \, \text{mm}^2$$

$$A_1 = \frac{P_u}{\varnothing_B (0.85 f_{ck}) \sqrt{A_2/A_1}}$$

$$= \frac{689.6 \times 10^3}{0.6 (0.85 \times 21)(2)} = 32,194 \, \text{mm}^2$$

$$\sqrt{A_2/A_1} = \sqrt{3.6 \times 10^5 / 32,194} = 3.34 > 2.0 \qquad \text{(OK)}$$

따라서 베이스플레이트는 기둥보다 커야 한다.

$$A_1 = d \times b_f = 248 \times 248 = 61,752 \, \text{mm}^2 > 32,194 \, \text{mm}^2$$

최적 베이스플레이트 크기를 산정하는 방법으로 AISC에서 제안하는 캔틸레버 방법을 사용하면 다음과 같다([그림 3.34(b)]). 다음 방법은 캔틸레버 보의 길이인 m, n의 크기를 유사하게 결정하기 위해 사용하는 방법이다.

$$\Delta = \frac{0.95d - 0.8b_f}{2}$$

$$= \frac{0.95 \times 249 - 0.8 \times 248}{2} = 19.1 \, \text{mm}$$

$$N = \sqrt{A_1} + \triangle = \sqrt{61,752} + 19.1 = 267.6 \, \text{mm} \simeq 270 \, \text{mm}$$

$$B = A_1/N = 61,752/270 = 228.7 \, \text{mm}$$

하지만 B는 C_{11}의 폭 249mm보다 좁기 때문에 N과 같은 값을 사용하여 베이스 플레이트는 270×270을 사용한다.

따라서 A_2는 $4A_1$을 사용하여 허용지압응력(P_p)을 구하면 다음과 같다.

$$P_p = 0.85 f_{ck} A_1 \sqrt{\frac{A_2}{A_1}} = 0.85 f_{ck} A_1 \sqrt{\frac{4A_1}{A_1}} = 1.70 f_{ck} A_1 \leq 1.70 f_{ck} A_1 = 2,603 \, \text{kN}$$

따라서 지지하는 콘크리트와 베이스 플레이트의 비($\sqrt{A_2/A_1}$)가 2를 초과하므로 콘크리트 기초 크기는 만족한다.

2) 베이스 플레이트 지압 검토

베이스 플레이트의 지압검토는 다음과 같다.

$$\emptyset_B P_p = \emptyset_B\ 0.85f_{ck}\ A_1\sqrt{A_2/A_1} = \emptyset_B\ 0.85f_{ck}\ BN(2) \qquad (0710.8.2)$$

$$= 0.6 \times 0.85 \times 21 \times 270 \times 270 \times 2/10^3 ≒ 1,562\ \text{kN} > 689.6\,\text{kN (OK)}$$

(3) 베이스 플레이트 두께 산정

베이스 플레이트 두께(t_p) 산정을 위하여 캔틸레버 방법Cantilever Approach을 사용한다. 캔틸레버 방법의 경우 베이스 플레이트의 위험단면Critical Section을 지점으로 하고, 베이스 플레이트 단부까지의 거리(m, n)를 산정한다. 이때 발생하는 최대 휨응력이 휨강도 이하가 되는 두께를 산정한다.

1) 위험단면에서 베이스 플레이트 단부까지 거리(m, n) 산정

m, n은 AISC에서 제시한 그림 3.19(b)에 의하여 다음과 같이 산정한다.

$$m = \frac{N-0.95d}{2} = \frac{270-0.95 \times 242}{2} = 10.0\ \text{mm}$$

$$n = \frac{B-0.8b_f}{2} = \frac{270-0.8 \times 249}{2} = 35.4\ \text{mm}$$

2) 베이스 플레이트 캔틸레버 휨응력 검토

① X방향 검토

빗금 친 부분($N \times n$)에 X방향 모멘트가 작용하는 길이가 n, 폭이 N이고 춤이 t_p인 캔틸레버 보의 휨응력은 다음과 같다([그림 3.35]).

캔틸레버보의 단부 모멘트(계수선하중 ω_u, 길이 l)

$$M_u = \frac{\omega_u l^2}{2} = \frac{(N \cdot f_p)n^2}{2}$$

직사각형 단면의 소성단면계수(폭 b, 높이 h)

$$Z_x = \frac{bh^2}{4} = \frac{N \cdot t_{px}^2}{4}$$

휨응력 비교

$$\sigma_{bx} = \frac{M_u}{Z_x} = \frac{2f_p n^2}{t_{px}^2} \leqq F_b = 0.9F_y$$

X방향 베이스 플레이트 두께

$$t_{bx} \geq l \sqrt{\frac{2P_u}{0.9F_y BN}}$$

$$= 35.4 \sqrt{\frac{2 \times 689.6 \times 10^3}{0.9 \times 235 \times 270 \times 270}} = 10.6 \, \text{mm}$$

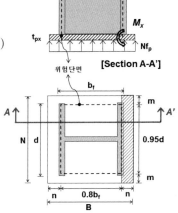

[그림 3.35] X방향 휨 검토

② Y방향 검토

빗금 친 부분($B \times m$)에 X방향 모멘트가 작용하는 길이가 m, 폭이 B이고 춤이 t_p인 캔틸레버 보의 휨응력은 다음과 같다([그림 3.36]).

캔틸레버보의 단부 모멘트(계수선하중 ω_u, 길이 l)

$$M_u = \frac{\omega l^2}{2} = \frac{(B \cdot f_p)m^2}{2}$$

직사각형 단면의 소성단면계수(폭 b, 높이 h)

$$Z_x = \frac{bh^2}{4} = \frac{N \cdot t_{px}^2}{4}$$

휨응력과 허용 휨응력 비교

$$\sigma_{by} = \frac{M_u}{Z_x} = \frac{2f_p m^2}{t_{py}^2} \leqq F_b = 0.9F_y$$

Y방향 베이스 플레이트 두께

$$t_{by} \geq l \ \sqrt{\frac{2P_u}{0.9F_y BN}} = 10.0 \sqrt{\frac{2 \times 689.6 \times 10^3}{0.9 \times 235 \times 270 \times 270}} = 3.0\,\text{mm}$$

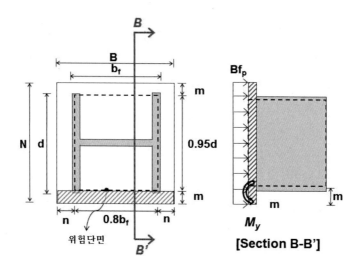

[그림 3.36] Y방향 휨 검토

베이스 플레이트 두께(t_p)는 양 방향을 모두 만족시키는 11mm로 결정한다.
따라서 베이스 플레이트 PL-11×270×270을 사용한다.

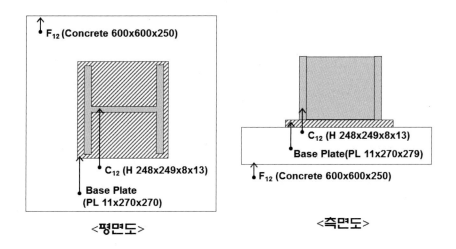

<평면도>   <측면도>

[그림 3.37] 설계된 철골주각부

제4장
철근콘크리트 구조설계

철근콘크리트 구조설계는 제2장의 구조해석 결과를 바탕으로 이루어지며, KBC2009의 '5장 콘크리트구조'를 이용하였다. 예제에 사용된 식은 기준식 번호를 명기하여 근거로 삼았다.

4.1 슬래브Slab 설계: S_2

설계 대상은 2층에 위치한 슬래브 S_2이다. 일반적으로 작은 보는 거더와의 접합이 전단접합을 이용해 단순보로 거동하므로, 구조해석 모델링에 포함하지 않고 별도로 해석하여 설계한다.

슬래브는 작은 보 B_1에 의하여 일방향 슬래브로 분류되므로, 거더와 작은 보를 지점으로 하는 경간이 3.75m인 연속 1방향 슬래브가 형성된다. 따라서 [그림 4.1]과 같이 단위 폭 1m를 보폭으로 하는 연속보에 대하여 설계한다. 다만 슬래브는 과도한 처짐에 의해 손상되기 쉬운 비구조 요소를 지지하지 않는다.

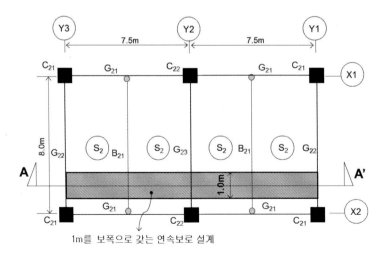

[그림 4.1] 구조평면도

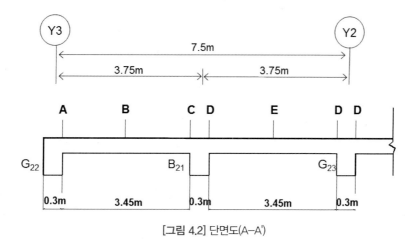

[그림 4.2] 단면도(A-A')

4.1.1 설계 기본 정보

(1) 철근

① 강종: SD40

② 재료성능: F_y = 400 MPa, E_s = 200,000 MPa

(2) 콘크리트

① 강도: 24 MPa

② 탄성계수:
$$E_c = 8,500 \sqrt[3]{f_{cu}}$$
$$= 8,500 \sqrt[3]{32} \approx 26,986 \, \text{N}/\text{mm}^2 \quad (0503.4.2)$$
$$f_{cu} = f_{ck} + 8(\text{MPa}) = 24 + 8 = 32\text{MPa} \quad (0503.4.3)$$

③ 탄성계수비: $n = \dfrac{E_s}{E_c} = \dfrac{200,000}{26,986} = 7.41$

(3) 설계하중

슬래브의 고정하중은 자중과 5.15kN/m²이며, 활하중은 2.50kN/m²이다.

4.1.2 단면 가정

(1) 슬래브 두께 가정

처짐에 대해 가장 불리한 최외단의 슬래브는 1단 연속이므로 처짐을 계산하지 않아도 좋은 슬래브의 최소두께는 $h = l / 24 = 3.75/24 = 0.156m$이다 (식(4.3.1)). 처짐 검토를 전제로 하고 두께 $h = 0.15m$로 가정한다.

(2) 단위 폭에 대한 하중 계산

일방향 슬래브는 보폭 1m인 보로 설계하므로, 단위 폭에 작용하는 선하중은 $w_u = 10.18kN/m$이다.

$$w_U = 1.2w_D + 1.6w_L = 1.2(5.15) + 1.6(2.50) = 10.18kN/m$$

(3) 근사해법에 의한 설계하중 M_u 산정

> KBC 2009 0503.4.1.3을 따르면 연속보 또는 1방향 슬래브가 다음 조건을 모두 만족하는 경우 근사해법을 적용할 수 있다.
> * 경간 이상인 경우
> * 인접 2경간의 차이가 짧은 경간의 20% 이상 차이가 나지 않는 경우 – 경간이 등간격
> * 등분포하중이 작용하는 경우 – 선하중 $W_u = 10.18m \ kN/m$ 작용
> * 활하중이 고정하중의 3배를 초과하지 않는 경우 – $W_L/W_D = 2.50/5.15 = \ < 3.0$
> * 부재의 단면 크기가 일정한 경우 – 변단면이 아님
>
> 따라서 0503.4.1.4에 따라 연속보 또는 일방향 슬래브의 휨모멘트와 전단력은 다음에 따라 계산할 수 있다.

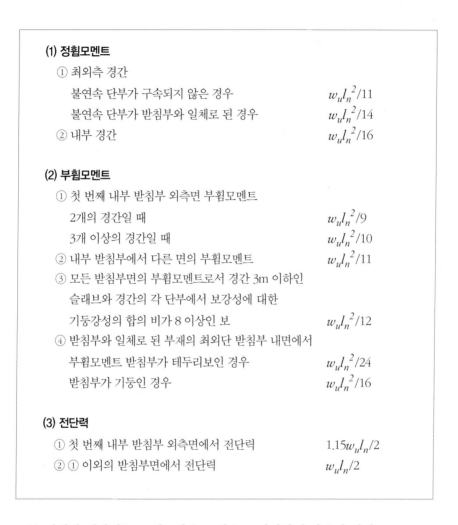

(1) 정휨모멘트

① 최외측 경간

불연속 단부가 구속되지 않은 경우 $w_u l_n^2 / 11$

불연속 단부가 받침부와 일체로 된 경우 $w_u l_n^2 / 14$

② 내부 경간 $w_u l_n^2 / 16$

(2) 부휨모멘트

① 첫 번째 내부 받침부 외측면 부휨모멘트

2개의 경간일 때 $w_u l_n^2 / 9$

3개 이상의 경간일 때 $w_u l_n^2 / 10$

② 내부 받침부에서 다른 면의 부휨모멘트 $w_u l_n^2 / 11$

③ 모든 받침부면의 부휨모멘트로서 경간 3m 이하인

슬래브와 경간의 각 단부에서 보강성에 대한

기둥강성의 합의 비가 8 이상인 보 $w_u l_n^2 / 12$

④ 받침부와 일체로 된 부재의 최외단 받침부 내면에서

부휨모멘트 받침부가 테두리보인 경우 $w_u l_n^2 / 24$

받침부가 기둥인 경우 $w_u l_n^2 / 16$

(3) 전단력

① 첫 번째 내부 받침부 외측면에서 전단력 $1.15 w_u l_n / 2$

② ① 이외의 받침부면에서 전단력 $w_u l_n / 2$

본 예제에 해당되는 모멘트값을 그림으로 정리하면 다음과 같다.

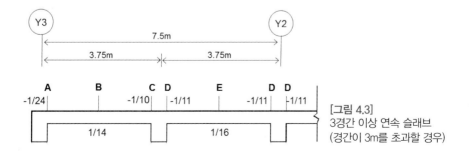

[그림 4.3]
3경간 이상 연속 슬래브
(경간이 3m를 초과할 경우)

슬래브 각 부분에 작용하는 모멘트는 [그림 4.3]의 계수에 $w_u l_n{}^2$을 곱하면 간단하게 산정되며, [그림 4.2]의 부재 위치에 해당되는 모멘트계수를 정리하면 [표 4.1]과 같다.

$$w_u l_n{}^2 = 17.17 \times 3.45^2 = 121.17 \text{kN·m}$$

표 4.1 슬래브에 작용하는 모멘트

	A	B	C	D	E
모멘트계수	−1/24	1/14	−1/10	−1/11	1/16
모멘트		8.66			

(4) 처짐 검토(활하중의 50%는 지속하중으로 가정함)

콘크리트 슬래브에 작용하는 하중은 고정하중 외에 활하중이 작용한다. 활하중 가운데 지속하중이 일부 작용하여 슬래브 처짐에 영향을 준다. 슬래브에 발생하는 처짐(δ_i)은 다음과 같다. M_a는 검토하는 슬래브의 경간 중앙에서의 휨모멘트이고, M_o는 단순지지로 간주할 경우의 경간 중앙부의 휨모멘트이다. 또한 M_i는 사용하중(계수하중이 아님)에 의한 슬래브 중앙부의 정모멘트이다.

$$\delta_i = K \frac{5 M_i l^2}{48 E_c I_g}$$

$$K = 1.2 - M_o / M_a$$
$$= 1.2 - 0.2 (W_u l_n{}^2 / 8) / (W_u l_n{}^2 / 14) = 0.85 \quad \text{(1단 연속보인 경우)}$$

M_d는 고정하중에 의한 휨모멘트이고, M_l은 적재하중에 의한 휨모멘트이다.

$$M_d = \frac{w_D l_n{}^2}{14} = \frac{5.15 \times 3.45^2}{14} = 4.38\,\text{kN·m/m}$$

$$M_l = \frac{w_L l_n{}^2}{14} = \frac{2.50 \times 3.45^2}{14} = 2.13\,\text{kN·m/m}$$

$$E_c = 8500^3\sqrt{f_{cu}} = 8500^3\sqrt{(24+8)} = 26{,}986\,\text{MPa} \qquad (0503.4.4)$$

단, $f_{cu} = f_{ck} + 8\,(\text{Mpa})$

$$I_g = 1.0\,h^3/12 = 1.0 \times 0.15^3/12 = 0.00028\,\text{m}^4$$

1) 고정하중에 의한 즉시처짐

$$\delta_d = K\frac{5\,M_i l^2}{48 E_c I_g} = 0.85 \times \frac{5 \times 4.38 \times 3.45^2 \times 1{,}000}{48 \times 26{,}986 \times 0.00028} = 0.611\,\text{mm}$$

2) 활하중에 의한 즉시처짐

$$\delta_l = K\frac{5\,M_i l^2}{48 E_c I_g} = 0.85 \times \frac{5 \times 2.13 \times 3.45^2 \times 1{,}000}{48 \times 26{,}986 \times 0.00028}$$

$$= 0.297\,\text{mm} < l_n/360 = 3{,}450/360 = 9.58\,\text{mm} \qquad (\text{OK})$$

3) 장기처짐

콘크리트는 지속하중에 의한 처짐이 발생하므로, 초기에 작용하는 고정하중과 적재하중에 의한 탄성처짐 이외에 장기처짐을 고려해야 한다. 고정하중과 지속적인 활하중에 의한 장기처짐(δ_c)은 해당 즉시처짐의 2배와 같다.

$$\delta_c = (\delta_d + \delta_l) \times 2 = (0.611 + 0.5 \times 0.297) \times 2 \qquad (0504.3.1)$$

$$= 1.52\,\text{mm} < l_n/240 = 3{,}450/240 = 14.38\,\text{mm} \qquad (\text{OK})$$

4.1.3 휨 설계

(1) 단변 경간의 철근량 및 배근 간격 계산

1) 최소 철근량 및 최대 배근 간격 산정

최소 철근량 및 최대 배근 간격을 검토하면 다음과 같다.

최소 철근량(단면적의 0.2%): KBC 0505.7.2절

$$A_{s,\min} = 150 \times 1000 \times 0.002 = 300\,\text{mm}^2$$

최대 배근 간격: KBC 0510.2.3.2절

$$\max(3h_s, 400\text{mm}) = \max(3 \times 150\text{mm}, 400\text{mm}) = 400\text{mm}$$

2) 요구 철근량(A$_s$) 산정

콘크리트 슬래브의 휨 설계는 보의 휨 설계와 같은 방법으로 이루어진다. 휨모멘트에 저항하기 위한 철근량 산정에 사용되는 계수 R_n과 철근비 ρ의 공식은 보 설계에서 유도 과정을 설명한다. 콘크리트 슬래브의 유효춤(d)은 인장철근 중심에서 압축 측 콘크리트 연단까지의 거리다.

$$d = 150 - 20 - 13/2 = 123.50\,\text{mm}$$

내단부 C지점의 $M_u = 10.10\text{kN} \cdot \text{m}$에 대하여, R_n, ρ는 다음과 같다.

$$R_n = \frac{M_u}{\phi bd^2} = \frac{10.10}{0.85 \times 1 \times 0.1235^2} = 779.1\,\text{kN/m}^2 = 0.779\,\text{MPa}$$

$$\rho = \frac{0.85\,f_{ck}}{f_y}\left(1 - \sqrt{1 - \frac{2\,R_n}{0.85\,f_{ck}}}\right)$$

$$= \frac{0.85 \times 24}{400} \left(1 - \sqrt{1 - \frac{2 \times 0.779}{0.85 \times 24}} \right) = 0.00199$$

$$A_s = \rho b d = 0.00199 \times 1000 \times 123.50 = 245.77 \text{mm}^2$$

나머지에 대해서도 동일한 방법으로 철근량을 구한다. 이때 구한 철근량은 최소 철근량 이상이어야 한다. 따라서 전 구간을 최소 철근으로 배근한다.

배근 간격은 $1,000 a_1 / A_s$(mm)이며, a_1은 철근 1개의 단면적이다. 지름이 10mm인 이형철근 D10의 단면적은 71.33mm^{2}이며, 지름이 13mm인 이형 철근 D13의 단면적은 126.7mm^{2}이다.

D10인 경우 : $1,000 \times 71.33/300 \ = 237$mm

D10+D13인 경우 : $1,000 \times (71.33 + 6126.1)/300 \ = 329$mm

D13인 경우 : $1,000 \times 126.1/300 \ = 422$mm

따라서 D10과 D13을 섞어서 300 간격으로 배근한다. 이 경우 D10을 600mm 간격으로 배근하고, 사이에 D13을 600mm 간격으로 배근하여 D10과 D13의 거리가 300mm가 되도록 배근한다.

(2) 장변 경간의 철근량 및 배근 간격 계산

1) 최소 철근량 및 최대 배근 간격 산정

최소 철근량 및 최대 배근 간격을 검토하면 다음과 같다.

최소 철근량(단면적의 0.2%): KBC 0505.7.2절

$$A_{s,\min} = 150 \times 1000 \times 0.002 = 300\mathrm{mm}^2$$

최대 배근 간격: KBC 0510.2.3.2절

$$\max(3hs, 400\mathrm{mm}) = \max(3 \times 150\mathrm{mm}, 400\mathrm{mm}) = 400\mathrm{mm}$$

2) 요구 철근량 산정

장변 경간의 단부의 부모멘트는 2방향 슬래브의 $m = 0.5$일 때의 값을 취한다. 주변 지지조건이 가장 불리한 경우의 슬래브에 대해 모멘트를 구하면 다음과 같다.

$$M_u = C \times W_u \times l_2{}^2 \quad (단, l_2 = 2 \times 단변\ 순경간)$$
$$= -0.010 \times 10.18 \times (2 \times 3.45)^2 = -4.85\,\mathrm{kN \cdot m}$$

$d = 150 - 20 - 13 - 10/2 = 112\mathrm{mm}$ 에 대해 D10@300mm

모멘트가 작으므로 최소 철근으로 배근된다.

4.1.4 전단 검토

첫 번째 내측 지지면인 C단면에서 거리 d인 지점에서 최대 전단력이 발생한다. 계수하중(W_u)은 10.15kN/m²이며, 순경간(l_n)은 3.4m이다. 이때 슬래브 유효춤(d)은 0.1235m이다.

$$V_u = 1.15 \frac{W_u(l_n - 2d)}{2}$$

$$= 1.15 \times \frac{10.10 \times 3.203}{2} = 18.6 \, \text{kN/m} \qquad (0507.2\text{v}.2)$$

$$\phi V_c = \phi(1/6) \sqrt{f_{ck}} \, bd \qquad\qquad (0507.3.1)$$

$$= 0.75 \times (1/6) \sqrt{24} \times 1 \times 0.1235 \times 10^3$$

$$= 75.63 \text{kN/m} > 31.13 \text{kN/m} \qquad\qquad (\text{OK})$$

4.1.5 단변 방향 철근 배근

단변 경간의 철근을 배근하면 다음과 같다.

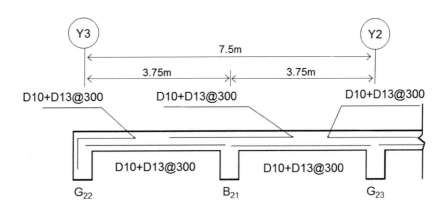

[그림 4.4] 슬래브 철근 배근 상세

4.2 거더Girder 설계: G_{21}

설계 대상은 2층에 위치한 X1열의 거더 G_{21}이다. 일반적으로 거더는 기둥과 콘크리트 현장타설로 일체화되어 모멘트 접합을 형성한다. 거더는 단부에서 부모멘트가 발생하고, 중앙부에는 정모멘트가 발생하므로 단부에서 인장철근은 상부근이 되며, 중앙부에서 인장철근은 하부근이 된다.

앞선 슬래브 설계도 거더의 휨 설계와 동일하다. 휨 설계에 기본이 되는 철근콘크리트 휨 부재의 철근과 콘크리트에 대한 가장 기본인 단근 직사각형 보의 설계 모델을 살펴보자.

〈거더 설계 과정〉

1. 기본 정보
2. 단면 선택
3. 중앙부 정모멘트 공칭휨강도(M_n) 산정 과정
   (1) 콘크리트 등가응력블록 깊이 a 산정
   (2) 압축플랜지 공칭휨강도(M_{nf}) 산정
   (3) 보 복부 공칭휨강도(M_{nw}) 산정
   (4) 압축철근 항복 검토
   (5) 전체 철근 산정
   (6) 설계휨강도(M_n) 검토
   (7) 휨균열 제어를 위한 철근 선정
4. 단부 부모멘트 공칭휨강도(M_n) 산정 과정
   (1) 공칭강도 저항계수 R_n 산정
   (2) 전체 철근량(A_s) 산정
   (3) 균열폭 제어를 위한 철근 간격 검토
5. 단면성능 검토

〈단근 직사각형 보의 일반적인 설계 과정〉

인장 측 철근만 배근된 직사각형 보의 경우, 두 개의 평형조건식은 다음과 같다.

$C = T$(5.1)

$M_n = (C \text{ 또는 } T) \times (d - a/2)$(5.2)

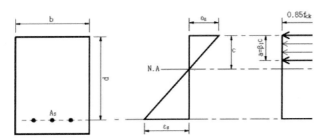

[그림 4.5] 단근 직사각형 보의 변형률 및 등가응력 블럭

인장철근비($p = A_s/bd$)가 최소 철근비와 최소 허용변형률에 해당하는 최대 철근 비 사이의 값을 가지며 콘크리트의 인장강도는 무시되므로 식(5.1)은 다음과 같다.

$$0.85\, f_{ck}\, b\, a = A_s f_y = \rho b d f_y \tag{5.3}$$

$$a = \frac{A_s f_y}{0.85\, f_{ck}\, b} = \frac{\rho d\, f_y}{0.85\, f_{ck}}$$

따라서 식 (5.2)는

$$M_n = \rho b d f_y \left[d - 0.5 \frac{\rho d}{0.85} \times \frac{f_y}{f_{ck}} \right] \tag{5.4}$$

$p = A_s/bd$이므로

$$M_n = A_s f_y d \left[1 - 0.59 \rho \times \frac{f_y}{f_{ck}} \right] \tag{5.5}$$

위의 식 양변을 bd^2으로 나눈 값을 공칭강도 저항계수 R_n 이라 하며, 다음과 같 이 주어진다.

$$R_n = \frac{M_n}{bd^2} = \rho\, f_y \left[1 - 0.5\frac{\rho\, f_y}{0.85\, f_{ck}} \right] \tag{5.6}$$

만일 b와 d가 주어졌다면 위의 식은 인장철근비 p에 대한 이차 방정식이 되므로 인장철근비 p를 구할 수 있다.

$$\rho = \frac{0.85\, f_{ck}}{f_y} \left[1 - \sqrt{1 - \frac{2\,R_n}{0.85\, f_{ck}}} \right] \tag{5.7}$$

설계 대상은 2층에 위치한 X1열의 거더 G_{21}이다. 일반적으로 철근콘크리트의 거더와 기둥의 접합은 현장타설이기 때문에 일반적으로 모멘트 접합으로 고려한다.

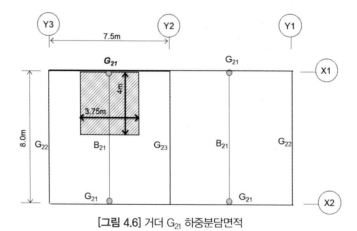

[그림 4.6] 거더 G_{21} 하중분담면적

4.2.1 기본 정보

2장에서 수행한 구조해석 결과로부터 거더 G_{21}에 작용하는 최대 모멘트는 102.8kN·m이고, 최대 전단력은 80.4kN이다. 이 값은 구조물의 자중이 포함된 값으로 [그림 2.62]와 [그림 2.63]의 모멘트도와 전단력도를 사용한다.

4.2.2 단면 선택

독립된 T형 보의 플랜지 두께 및 유효폭을 KBC2009 '0503.4.8.(2)'에 따라 검토하면 다음과 같다.

$$b = 700 \text{ mm} < 4b_w = 4 \times 300 = 1{,}200 \text{ mm}$$

$$h_f = 150 \text{ mm} \geq \frac{1}{2}b_w = \frac{1}{2} \times 300 = 150 \text{ mm}$$

따라서 만족한다.

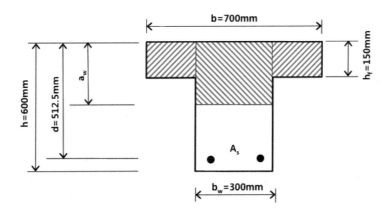

[그림 4.7] T형 보 슬래브 유효폭 산정

4.2.3 중앙부 정모멘트 휨성능 검토

T형 보 정모멘트 공칭휨강도(M_n) 산정 과정은 다음과 같이 7단계로 구분할 수 있다.

[T형보 정모멘트 공칭휨강도(M_n) 산정 과정]

(1) 콘크리트 등가응력블록 깊이 a 산정
(2) 압축플랜지 공칭휨강도(M_{nf}) 산정
(3) 보 복부 공칭휨강도(M_{nw}) 산정
(4) 압축철근 항복 검토
(5) 전체 철근 산정
(6) 설계휨강도(M_n) 검토
(7) 휨균열 제어를 위한 철근 선정

(1) 콘크리트 등가응력블록 깊이 a 산정

슬래브를 보와 같이 고려할 때 발생하는 T형 보 또는 L형 보의 경우, 콘크리트 등가응력블록 깊이 a에 따라 공칭휨강도를 산정하는 데 차이가 있다.

• a가 슬래브 두께(h_f)보다 작거나 같은 경우(직사각형 보로 고려)

슬래브의 일부에만 압축력이 작용하므로 이때는 T형 보의 플랜지 폭을 보 폭으로 하는 직사각형 보로 공칭강도를 산정하면 된다.

• a가 슬래브 두께(h_f)보다 큰 경우(T형 보로 고려)

슬래브 전체와 보의 일부에 압축력이 작용하므로 이때는 T형 보의 플랜지와 보를 고려하여 T형 보에 대한 공칭강도를 산정하면 된다.

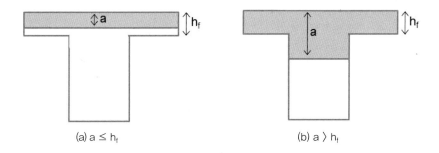

(a) a ≤ h_f (b) a 〉 h_f

[그림 4.8] 콘크리트 등가응력 높이에 따른 강도 산정시 고려부분

플랜지 폭과 같은 폭 b를 가진 직사각형 보로 가정하여 등가응력 블록의 깊이 a를 산정한다. ($a \le h_f$=0.85mm, ø=0.85로 가정)

$$M_n = M_u/\phi = 750/0.85 = 882.4 \text{ kN} \cdot \text{m}$$

$$\frac{M_n}{f_{ck}\, b\, d^2} = \frac{882.4 \times 10^6}{(21)(700)(512.5)^2} = 0.2285$$

따라서 [표 6.1.2]에서 $\omega = \rho\, f_y / f_{ck} = 0.2722$를 얻는다.

$$a = \frac{A_s f_y}{0.85\, f_{ck} b} = \frac{\rho d\, f_y}{0.85\, f_{ck}} = 1.18\omega d = 1.18(0.2722)(512.5)$$

$$= 164\,\text{mm} > h_f = 150\,\text{mm}$$

따라서 응력블록 깊이(a_w)는 플랜지 하부에 있으며 보 복부의 공칭휨강도를 산정한다.

(2) 압축플랜지 공칭휨강도(M_{nf}) 산정

플랜지의 압축강도 :

$$C_f = 0.85\, f_{ck}\, (b - b_w)\, h_f$$

$$= 0.85 \times 21(700 - 300)150 = 1,071,000\text{N}$$

평형조건식 $C_f = A_{sf}f_y$로부터

$A_{sf} = C_f / f_y = 1{,}071{,}000 / 400 = 2{,}678\text{mm}^2$

플랜지의 공칭휨강도(M_{nf})

$$M_{nf} = A_{sf}f_y(d - h_f/2)$$
$$= 2{,}678 \times 400(512.5 - 150/2) \times 10^{-6}$$
$$= 469\text{kN} \cdot \text{m}$$

(3) 보 복부의 공칭휨강도(M_{nw}) 산정

보 복부의 공칭휨강도는 전체 공칭휨강도에서 압축플랜지 공칭휨강도를 제외한 나머지다.

$$M_{nw} = M_n - M_{nf}$$
$$= 882.4 - 469 = 413.4\text{kN} \cdot \text{m}$$

[표 6.1.2]를 이용하여 복부 부분이 저항해야 할 휨강도에 필요한 철근량 (A_{sw})을 산정하면 다음과 같다.

$$\frac{M_{nw}}{f_{ck}b_w d^2} = \frac{413.4 \times 10^6}{(21)(300)(512.5)^2} = 0.2498$$

[표 6.1.2]로부터 $\omega = 0.3045$

$$\rho_w = \omega_w \frac{f_{ck}}{f_y} = 0.3045\left(\frac{21}{400}\right) = 0.01599$$

강도감소계수 $\phi = 0.85$인 인장지배 단면인지 아닌지를 검토하여야 한다.

$\rho_t = 0.01422$

$\rho_w = 0.01599 > \rho_t = 0.01422$이므로 인장지배 단면이 아니다.　　[표 6.1.1]

$$c_{a1} = a_w/\beta_1 = 183.6/0.85 = 216 \text{ mm}$$

$$0.600 > c_{a1}/d_t = 216/512.5 = 0.4215 > 0.375$$

따라서 변화구간 단면으로 $\phi = 0.65 + 0.2 \times \dfrac{(0.6-0.4215)}{(0.6-0.375)} = 0.81$을 사용하거나 또는 압축철근을 추가하여 인장지배 단면으로 설계한다.

$$\rho_t = 0.01422 \qquad\qquad \text{[표 6.1.1]}$$

$$\rho_1 = \rho_t\left(\frac{d_t}{d}\right) = 0.01422\left(\frac{535}{512.5}\right) = 0.01484$$

$$\omega = \rho\left(\frac{f_y}{f_{ck}}\right) = 0.01484\left(\frac{400}{21}\right) = 0.2828$$

[표 6.1.2]로부터 ω가 0.2828일 때

$$\frac{M_{nt}}{f_{ck}bd^2} = 0.2356$$

$$M_{nt} = 0.2356 f_{ck}bd^2 = 0.2356 \times 21 \times 300 \times 512.5^2/10^6 = 389.9 \text{ kN}\cdot\text{m}$$

$$M_{nw}' = M_{nw} - M_{nt} = 413.4 - 389.9 = 24.0 \text{ kN}\cdot\text{m}$$

(4) 압축철근의 항복 여부 검토 및 압축철근 응력(f_s') 산정

단면설계가 인장지배 순인장변형률 한계 $\varepsilon_t = 0.005$에서 이루어졌으므로 중립축거리 c는 $c = 0.375d_t$이므로 ([그림 6.1.6] 참조)

$$c = 0.375d_t = 0.375 \times 535 = 200.6 \text{ mm}$$

$$d'/c = 60/200.6 = 0.299 < 0.33$$

따라서 공칭강도에서 압축철근은 항복한다.($f_s' = f_y$)

(5) 전체 필요 철근량 산정

- 필요 압축철근량

$$A_{sw}' = \frac{M_{nw}'}{f_y(d-d')} = \frac{24 \times 10^6}{400(512.5-60)} = 132.6 \text{ mm}^2$$

- 필요 인장철근량

$$A_s = A_{sf} + A_{sw} = A_{sf} + \rho b_w d + A_{sw}'$$
$$= 2,678 + 0.01484(300)(512.5) + 132.6 = 5,093 \text{ mm}^2$$

(6) 설계휨강도 검토

압축철근이 항복하는 경우에는 다음과 같다.

$$a_w = \frac{(A_{sw} - A_{sw}')f_y}{0.85 f_{ck} b_w} = \frac{(2,413.3 - 132.6)400}{(0.85)(21)(300)} = 170.4 \text{ mm}$$

$$\phi M_n = \phi\left[(A_{sw} - A_{sw}')f_y\left(d - \frac{a_w}{2}\right) + A_{sw}'f_y(d-d') + A_{sf}f_y\left(d - \frac{h_f}{2}\right)\right] \geq M_u$$

$$= 0.85[(2,413.3 - 132.6)(400)(512.5 - \frac{170.4}{2}) + (132.6)(400)(512.5-60)$$

$$+ (2,678)(400)\left(512.5 - \frac{150}{2}\right)]/10^6$$

$$= 750.1 \text{ kN} \cdot \text{m} \geq M_u = 750 \text{ kN} \cdot \text{m}$$

따라서 만족한다.

(7) 휨균열 제어를 위한 철근 선정

압축철근 : $2 - D19(A_s' = 574 \text{ mm}^2 > 132.6 \text{ mm}^2)$으로 한다.

인장철근 : 하단에 $4 - D19(2,568 \text{ mm}^2)$하고 상단에 로 2단으로 $4 - D19$ $(2,568 \text{ mm}^2)$하면 전체 인장철근면적은 $A_s = 5,136 \text{ mm}^2(> 5,093 \text{ mm}^2)$ 이다.

• 철근 간격 검토:

$$s = 375\left(\frac{210}{f_s}\right) - 2.5c_c = 375\left(\frac{210}{267}\right) - 2.5 \times 50 = 170\text{mm} \qquad (0506.3.3)$$

$$\qquad\qquad\qquad\qquad\qquad\qquad\qquad\qquad\qquad\qquad (0506.3.4)$$

$$s = 300\left(\frac{210}{f_s}\right) = 300\left(\frac{210}{267}\right) = 236\text{mm}$$

여기서 $c_c = 40 + 10 = 50\text{mm}$

$$f_s = (2/3)\,f_y = (2/3)(400) = 267\text{MPa}$$

인장연단 배근 간격 $\dfrac{1}{3}\left\{300 - 2\left(40 + 10 + \dfrac{29}{2}\right)\right\} = 57\text{ mm} < 170\text{mm}$

따라서 옥외보의 허용균열폭($w_a = 0.3\text{mm}$)에 대한 철근 간격을 만족시킨다.

• 복부 폭 검토

필요 최소폭 = 2×피복두께 + 주철근 직경의 합 + 철근 간격의 합 + 2×스터럽 직경 = (2)(40) + (4)(29) + (3)(25) + (2)(10)

$$\qquad = 291\text{mm} < 300\text{mm}$$

따라서 만족한다.

4.2.4 단부 부모멘트 휨성능 검토

보-기둥이 모멘트 접합으로 이루어진 경우 일반적으로 단부에 부모멘트가 발생한다. 따라서 4.2.3절에서와 달리 상부 플랜지에 인장력이 발생하고, 보 하부에 압축력이 발생한다. 따라서 이 경우에는 직사각형 보와 같이 휨모멘트를 산정할 수 있다. 정모멘트 시와 달리 부모멘트의 T형 보 공칭휨강도(M_n) 산정 과정은 다음과 같이 3단계로 구분할 수 있다.

[T형 보 부모멘트 공칭휨강도(M_n) 산정 과정]

(1) 공칭강도 저항계수 R_n 산정
(2) 전체 철근량(A_s) 산정
(3) 균열폭 제어를 위한 철근 간격 검토

---

(1) 공칭강도 저항계수(Rₙ) 산정

$$M_u = 1.2(100) + 1.6(80) = 248\text{kN·m} \qquad (0503.3.2)$$

$$R_n = \rho\, f_y\left[1 - 0.5\frac{\rho\, f_y}{0.85\, f_{ck}}\right] \qquad (0506.1.15)$$

$$= 0.016(400)\left[1 - 0.5\frac{(0.016)(400)}{(0.85)(24)}\right]$$

$$= 5.4\text{MPa}$$

$$\therefore b\,d^2 = \frac{M_u}{\phi R_n} = \frac{248\times10^6}{0.85\times5.4} = 54{,}030{,}500\text{mm}^3$$

이 보춤은 과다처짐 방지를 위한 최소춤 $l/16 = 6000/16 = 375$mm KBC 기준표 (0504.3.1)보다 크므로 손상되기 쉬운 칸막이 등 기타 구조물을 지지하지 않을 때는 별도로 처짐량 계산은 하지 않아도 좋다.

(2) 전체 철근량 산정

- 최소 인장철근비 $\rho_{\min}$ 산정

$$\rho_{\min} = \frac{1.4}{f_y} = \frac{1.4}{400} = 0.0035 \ (\because\ f_{ck} \leq 31\text{MPa}) \qquad (0506.3.2)$$

- ρ값의 산정

$$R_n = M_u/\phi b\,d^2 = 248\times10^6/(0.85)(300)(440)^2 = 5.03\text{MPa}$$

$$\rho = \frac{0.85 f_{ck}}{f_y}\left[1 - \sqrt{1 - \frac{2 R_n}{0.85 f_{ck}}}\right] \tag{0506.1.16}$$

$$= \frac{0.85(24)}{400}\left[1 - \sqrt{1 - \frac{2(5.03)}{0.85(24)}}\right]$$

$$= 0.0147$$

- A_s의 계산

A_s = (수정된 ρ) × (계산에 의한 bd)

$\quad = (0.0147)(300)(440) = 1,941\text{mm}^2$

따라서 7-D19 ($A_s = 2,009\text{mm}^2 > 1,941\,\text{mm}^2$)를 사용하며 2단 배근으로 상단에 5-D19, 하단에 2-D19를 배근하였다. 이때 소요 최소 보폭을 검토하면 다음과 같다. 철근 사이의 수평 순간격은 25mm이상, 또한 철근의 공칭지름 이상으로 하여야 한다.

b= 2 × (피복 두께) + 2 × (스터럽 지름) + (주철근 지름의 합)

$\quad + 4 ×$ (수평 순간격) = 2(40) + 2(10) + 5(19) + 4(25)

$\quad = 291\text{mm} < 300\text{mm}$

따라서 사용 보의 폭 300mm는 만족한다.

(3) 균열폭 제어를 위한 철근 간격 검토

$$s = 375\left(\frac{210}{f_s}\right) - 2.5 c_c = 375\left(\frac{210}{267}\right) - 2.5 × 50 = 170\text{mm} \tag{0506.3.3}$$

$$s = 300\left(\frac{210}{f_s}\right) = 300\left(\frac{210}{267}\right) = 236\text{mm} \tag{0506.3.4}$$

여기서 $c_c = 40 + 10 = 50$mm

$$f_s = (2/3)\,f_y = (2/3)(400) = 267\mathrm{MPa}$$

인장연단 배근 간격= $\dfrac{1}{4}\left\{300-2\left(40+10+\dfrac{19}{2}\right)\right\}= 45.25\mathrm{mm} < 170\mathrm{mm}$
따라서 만족한다.

4.2.5 전단성능 검토

(1) 스터럽 간격 산정

기준 5.5.2(3)②에 따라 스터럽 간격은 다음 세 값 중 가장 작은 값이하로
결정한다.

- 16×압축철근 지름 = 16(19) = 304mm
- 48×스터럽 지름 = 48(10) = 480mm
- 최소 단면치수 b = 304mm

따라서 D10 스터럽을 압축철근이 요구되는 전 구간에 300mm 이내 간격
으로 배근한다(기준 5.5.1 (1)).

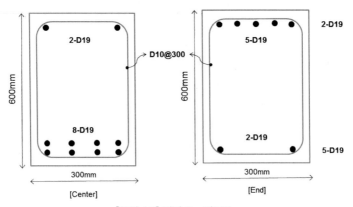

[그림 4.9] 거더 G_{21} 배근도

4.3 기둥 설계: C_{12}

설계 대상은 1층에 위치한 Y2열의 기둥 C_{12}이다. 기둥은 거더과 모멘트 접합으로 연결되어 있으며, 2장 구조해석 결과에 따라 설계하였다. 기둥의 구조설계는 KBC2009에 따라 설계하였다.

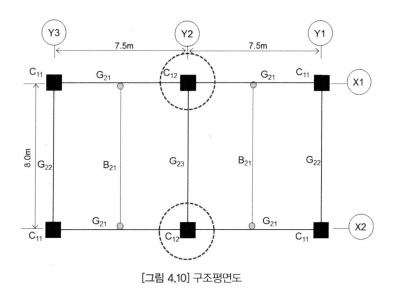

[그림 4.10] 구조평면도

기둥 C12의 설계 과정을 간략하게 요약하면 다음과 같다.

[기둥 설계 과정]

1. 기본 정보
   (1) 기둥의 유효좌굴길이 산정
   (2) 장주 효과 고려 여부 판단

2. 기둥의 주철근량 산정

(1) 기둥철근량 산정 – P-M 상관도 이용
(2) 배근된 철근량에 따른 공칭강도 검토

3. 기둥의 횡보강근 산정
  (1) 최소 철근량 산정
  (2) 필요 철근량 산정

4.3.1 기본 정보

2장에서 수행한 구조해석 결과로부터 기둥 C_{12}에는 최대 축력 766.96kN 과 지점에서 모멘트 26.48kN · m이, 1층 기둥 상부에서는 53.58kN · m이 동시에 작용하므로 조합응력(모멘트+축력)에 대하여 설계되어야 한다. 또한 전단력은 19.63kN이 작용한다.

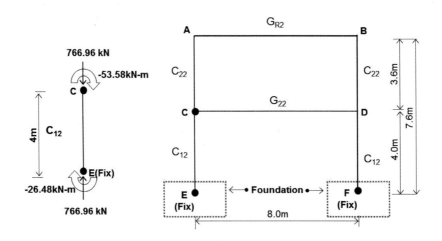

[그림 4.11] 기둥 C_{12}에 작용하는 부재력

(1) 기둥의 유효 좌굴길이 계수(K) 산정

기둥의 유효 좌굴길이 계수 결정에는 골조의 횡지지 여부에 따라 [부록 F]
의 서로 다른 차트를 이용하며, 이 예제의 경우 횡지지된 골조로 구분된다.
유효 좌굴길이 계수는 기둥의 강성과 보의 강성비에 따라 결정된다. 기둥과
보의 단면2차모멘트는 2.2.2절에서 가정한 부재 값을 사용한다.

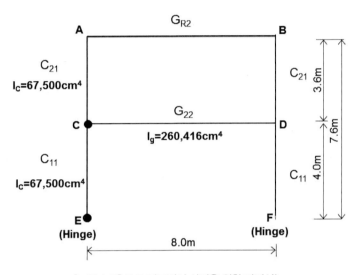

[그림 4.12] 유효 좌굴길이 산정을 위한 단면성능

$G_E = 1.0(\text{Fix End})$

$G_C = \sum(I_c/L_c)/\sum(I_g/L_g)$

$\quad = (67,500\text{cm}^4/360\text{cm} + 67,500\text{cm}^4/400\text{cm})/(206,416\text{cm}^4/800\text{cm})$

$\quad = 1.380$

[부록 F]의 Alignment Chart로부터 기둥의 유효좌굴길이 계수는 0.80이다.
따라서 $KL = 0.80 \times 4\text{m} = 3.20\text{m}$이다.

(2) 장주 효과 고려 여부

KBC2009에 따르면 횡구속 골조구조물의 압축부재의 경우 다음 조건을 만족하는 경우에는 단주로 볼 수 있다.

$$\frac{kl_u}{r} \leq 34 - 12\,(M_1/M_2) \tag{0506.5.7}$$

여기서 M_1은 기둥 단부 모멘트 중 절대값이 작은 값이며, M_2는 기둥 단부 모멘트 중 절대값이 큰 값이다. M_1/M_2의 부호는 기둥이 복곡률을 이룰 때 (-)의 부호를 갖는다.

가정 단면은 300mm×mm이므로 단면 2차 반지름(r)은 다음과 같다.

$$r = \sqrt{\frac{I}{A}} = \sqrt{\left(\frac{bh^3}{12}\right) \div (bh)} = \frac{h}{2\sqrt{3}} = \frac{300}{2\sqrt{3}} = 86\,\text{mm}$$

유효 좌굴길이는 3.2m이며, [그림 4.11]과 같이 단부 모멘트는 복곡률을 이루므로 M_1/M_2의 부호는 (-)이다. 이를 토대로 단주 여부를 판단하면 다음과 같다.

$$\frac{kL}{r} = \frac{3200}{86} = 37.2 \leq 34 - 12\,(M_1/M_2) = 34 + 12\,(26.48/53.58) = 39.9$$

따라서 기둥 C_{12}는 단주이므로, 모멘트를 증대시켜야 하는 장주 효과를 고려할 필요가 없다.

4.3.2 기둥의 주철근량 산정

기둥의 주철근량은 간략화된 P-M상관도를 통하여 가정하고, 주철근이 배근된 이후에 정확한 내력산정을 통하여 검토되어야 한다.

[기둥의 주철근 산정 과정]
(1) 기둥철근량 산정 – P-M 상관도 이용
(2) 배근된 철근량에 따른 공칭강도 검토

---

(1) 기둥 주철근 산정

휨모멘트가 축력에 비하여 작은 경우 기둥단면의 크기는 철근비 1%로 가정하여 축력에 의한 가정 단면식으로 산정해보면 다음과 같다.

$$A_{g(trial)} \geq \frac{P_u}{0.45\left(f_{ck} + f_y \rho_g\right)} = \frac{767 \times 10^3}{0.45\left(21 + 400 \times 0.01\right)} = 68,178\text{mm}^2$$

또는 300mm 정사각형

여기서는 휨모멘트가 크기 때문에 단면에 미치는 영향이 크지 않다고 보아 300×300mm 기둥을 사용한다.

[부록 I]의 [그림 1]을 이용하여 철근량을 산정한다.

$$\frac{P_u}{A_g} = \frac{767 \times 10^3}{300 \times 300} = 8.52$$

$$\frac{M_u}{A_g h} = \frac{1.0 \times 53.58 \times 10^6}{300 \times 300 \times 300} = 1.98$$

철근비가 1%인 $P_g = 0.01$의 경우 P-M 상관도 내에 들어온다.

$$A_{st} = \rho_g A_g = 0.01 \times 300 \times 300 = 900\text{mm}^2$$

따라서 $4 - D19(A_s = 1,146\text{mm}^2,\ \rho_g = 0.013)$ 를 사용하였다.

(2) P–M상관도를 통한 공칭강도 검토

[부록 I]의 [그림 1]의 P-M 상관도는 주어진 기둥 조건을 정확히 반영한 값이 아니므로 선택된 철근 배근에 따라 P-M 상관도를 재산정해야 한다.

KBC 0505.4절 최소 피복두께에 따르면 옥외의 공기나 흙에 직접 노출되는 콘크리트 중 철근 지름이 D25 이하인 철근은 50mm를 사용해야 한다. 따라서 콘크리트 최외측에서 철근 중심까지의 거리는 피복 50mm에 철근 지름의 반인 9.5mm의 합인 59.5mm다.

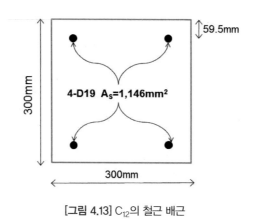

[그림 4.13] C_{12}의 철근 배근

P-M 상관도는 축력(P)이 단면 중심에서 편심(e)까지의 거리에 의하여 발생하는 모멘트(M)를 나타낸 그림으로 기둥설계 시 많이 사용된다. 구조설계 시 제시된 P-M 상관도로 사용한다. 따라서 [그림 4.14]의 P-M 상관도 작성 시 균형파괴에 대한 (M_n, P_n)을 계산하는 과정은 다음과 같다. 이러한 과정을 많이 반복하면 [그림 4.16]과 같은 기둥 C_{12}에 대한 P-M 상관도를 얻을 수 있다.

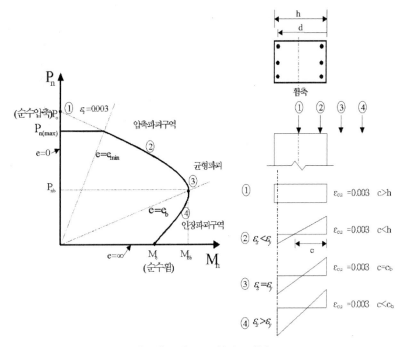

[그림 4.14] P-M 상관도 개념

1) 중립축 위치 산정

균형파괴이므로 인장 측 철근의 변형률은 항복변형률 $\epsilon_y\,(f_y/E_s\,=\,400/200,000)0.002$이고, 압축 측 콘크리트 연단의 변형률은 0.003이다. 이때 단면의 변형률은 기하학적으로 선형관계가 있으므로, 중립축의 위치 c는 다음과 같다.

$$c = 240.5\,\text{mm} \times (0.003)\,/\,(0.003 + 0.002) = 144.3\,\text{mm}$$

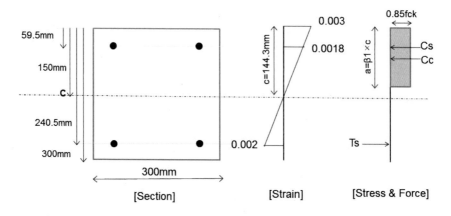

[그림 4.15] 기둥 C_{12}의 균형파괴 시 단면, 변형률, 응력의 관계

2) 압축 측 콘크리트 압축력(C_c) 산정

콘크리트 압축력은 [그림 4.14]의 등가압축 블록이 형성되면, 등가압축 블록 중심에 집중하중으로 작용한다. β_1은 KBC 0506.2.1.7에 콘크리트 압축강도 28MPa 이하는 0.85를 사용하도록 하고 있다. 보폭인 b는 300mm이다.

$$C_c = 0.85\,f_{ck}\,\beta_1 c b = 0.85 \times 21 \times 10^{-3} \times 0.85 \times 144.6 \times 300 = 656.8\text{kN}$$

3) 압축 측 철근 압축력(C_s) 산정

압축 측 철근은 2-D19($A_s{'}$=573mm²)이며, 다음 압축 측 철근의 변형률과 응력을 통하여 Cs를 산정할 수 있다.

$$\varepsilon_s = 0.003 \times (144.3) \,/\, (144.3 - 59.5) = 0.0018$$
$$f_s = \varepsilon_s E_s = 0.0018 \times 2.0 \times 10^5 = 360\text{MPa}$$
$$C_s = A_s{'} f_y - 0.85 f_{ck} A_s{'} = 191.8\text{kN}$$

4) 인장 측 철근 인장력(T_s) 산정

인장 측 철근은 2-D19(As=573mm²)이 배근되었고, 균형파괴 시 인장철근은 항복하므로, 항복강도 400MPa가 사용되었다.

$$T_s = A_s f_y = 573 \times 400 \times 10^{-3} = 229.2 \text{kN}$$

5) 기둥의 공칭압축강도(P_n) 산정

위 세 가지 축력을 더한 P_n은 다음과 같다.

$$P_n = C_c + C_s - T_s = 656.8 + 191.8 - 229.2 = 619.4 \text{kN}$$

6) 기둥의 공칭휨모멘트(M_n) 산정

위 세 힘은 단면 중심에서 모멘트 합을 구한 M_n은 다음과 같다.

$$M_n = 656.8(300/2 - 0.85 \times 144.6/2) + 191.8(300/2 - 59.5)$$
$$- 229.2(300/2 - 59.5) = 96.3 \text{kN} \cdot \text{m}$$

따라서 균형파괴 시 축력과 모멘트는 619.4kN과 96.3kN·m이다. 이 값은 [그림 4.16]의 모멘트가 가장 큰 지점의 값이다. 이러한 과정을 많이 반복하면 [그림 4.16]과 같은 기둥 C_{12}에 대한 P-M 상관도를 얻을 수 있다. 공칭강도는 부재력을 공칭강도 저감계수로 나누어 비교할 수 있다.

띠철근 기둥의 공칭강도 저감계수 ∅는 0.7이므로 요구되는 공칭강도는 다음과 같다.

$$P_n = P_u/\phi = 767\text{kN}/0.7 = 1095 \text{kN}$$
$$M_n = M_u/\phi = 53.58\text{kN}/0.7 = 76.54 \text{kN}$$

이 값을 [그림 4.16]에 표시하면 곡선 내부에 위치하므로 기둥 C_{12}의 공칭강도가 확보되었음을 알 수 있다.

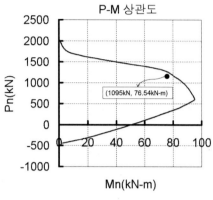

[그림 4.16] 기둥 C_{12}의 P–M 상관도

4.3.3 기둥의 횡보강근 산정

(1) 최소 철근량 산정

KBC 0505.5.2.3(2)에 따르면 전단철근의 최대 간격은 주근 지름(d_b)의 16배, 기둥 치수 중 작은 치수, 띠철근 지름(d_s)의 48배 중 가장 작은 값이다.

주근 지름의 16배: $16d_b = 16 \times 19 = 304$mm

기둥 치수 중 작은 치수: 300mm

띠철근 지름의 48배: $48d_b = 48 \times 10 = 480$mm

따라서 기둥 C_{12}에는 최소한 $D10@300$이 배근되어야 한다.

(2) 필요 철근량 산정

• 콘크리트 전단강도 계산

유효깊이는 피복두께, 띠철근 직경, 주근 직경의 1/2을 기둥 춤에서 뺀 값이다.

따라서 $d = 300 - (50 + 10 + 19/2) = 230.5\text{mm}$이다.

$$\phi\,V_c = \phi\,\frac{1}{6}\left(1 + \frac{N_u}{14A_g}\right)\,\sqrt{f_{ck}}\,b_w d \qquad\qquad (0507.3.2)$$

$$= 0.75\frac{1}{6}\left[1 + \frac{767}{14 \times 300 \times 300}\right] \times \sqrt{21} \times 300 \times 230.5$$

$$= 63.7\,\text{kN} > V_u = 19.6$$

따라서 별도의 철근전단강도 없이 콘크리트 전단강도만으로도 충분하지만 최소 철근규정에 따라 [그림 4.17]과 같이 띠철근을 $D10@300$으로 배근한다.

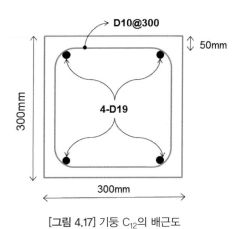

[그림 4.17] 기둥 C_{12}의 배근도

4.4 기초 설계: F_{12}

기초설계는 4.3절에서 설계한 기둥 C_{12}에 대한 기초에 대하여 설계하며, 적용기준으로 KBC 2009를 사용하였다. 기초 설계 과정을 정리하면 다음과 같다.

[기초 설계 과정]

1. 기본 정보

2. 기초 크기 산정
   (1) 순허용지내력
   (2) 기초의 바닥면적 산정

3. 기초 설계용 하중과 지반반력

4. 기초 내력검토
   (1) 기초에 대한 전단 검토
   (2) 휨철근의 산정

5. 기초 배근상세
   (1) 철근의 정착길이
   (2) 배근 단면도

4.4.1 기본 정보

5.3절에서 설계한 기둥 $C_{12}(300 \times 300)$의 하부에 위치하는 기초 F_{12}을 설계하며, 이때 작용하는 설계하중은 구조해석 결과에 따라 다음과 같다.

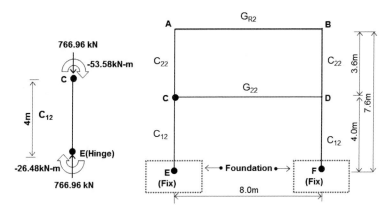

[그림 4.18] 설계 기초 위치 및 하중도

설계하중: (2.2.4 참조)

$M_{max} = 26.48\text{kN} \cdot \text{m}$

(기둥 고정단)

$P_{max} = 766.96\text{kN}$

4.4.2 기초 크기 산정

기초가 놓이는 지반의 허용지내력과 기둥에서 전달되는 사용 하중으로부터 기초의 크기를 산정할 수 있다.

(1) 순허용지내력

일반적인 지반조건인 풍화토의 경우 허용지내력이 300kN/m^2이며, 기초 위에 흙이나 상재하중이 놓인다면 허용지내력에서 제외하여야 한다. 이 예제의 경우 이러한 추가하중이 없다고 판단한다면 순허용지내력은 다음과 같다.

$q_e = 300 \text{kN/m}^2$

(2) 기초의 바닥면적 산정

KBC 0712.2(2)항에 따르면, 기초의 바닥면적을 산정할 때에는 기초에 작용하는 사용하중을 사용하도록 하고 있다. 기초가 고정단이므로 모멘트가 발생하며, 이 모멘트는 편심(e)을 갖는 축력에 의하여 발생하는 모멘트로 치환이 가능하다.

$P = P_D + P_L = 547.8 \text{kN}$

$M = M_D + M_L = 18.91 \text{kN} \cdot \text{m}$

$e = M/P = 18.91/547.75 = 0.0345 \text{ m}$

기초의 크기를 1.5m×1.5m 로 가정하면

$L/6 = 0.6 \text{m} / 6 = 0.1 \text{m} > e$

이므로 기초 바닥면적 전체가 유효하다. 축력과 모멘트에 의한 응력검토는 모멘트를 받는 기둥을 검토하는 과정과 유사하다.

$A_f = 1.5\text{m} \times 1.5\text{m} = 2.25\text{m}^2$

$Z_f = 1.5\text{m} \times 1.5^2\text{m}^2/6 = 0.563\text{m}^3$

$q_{1,2} = P/A_f \pm M/Z_f = 547.8 / 2.25 \pm 18.91 / 0.563$

$\qquad = 277.1 \text{kN/m}^2 \text{ or } 209.9 \text{kN/m}^2 < q_e = 300 \text{ kN/m}^2$

따라서 1.5m×1.5m 직사각형 기초로 한다.

4.4.3 설계용 하중과 지반 반력

기초의 깊이와 보강근을 설계할 때에는 계수하중을 사용한다.

$$P_u = 766.96 \text{ kN}, \quad M_u = 26.48 \text{ kN} \cdot \text{m}$$

$$e = \frac{M_u}{P_u} = \frac{26.48}{766.96} = 0.035 \text{ m}$$

$$q_{1,2} = P/A_f \pm M/Z_f = \frac{766.96}{2.25} \pm \frac{26.48}{50.563} = 387.8 \text{kN/m}^2 \text{ or } 293.8 \text{kN/m}^2$$

기초의 깊이를 500mm, 유효깊이를 평균 400mm로 가정하면 기초 F_{12}는 [그림 4.20]과 같다.

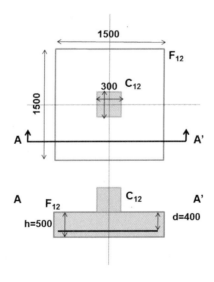

[그림 4.20] 기둥가정단면

4.4.4 기초 내력 검토

기초에 대한 내력을 검토하는 순서는 다음과 같다.

[기초 내력검토과정]

(1) 기초에 대한 전단 검토
- 기초의 1방향 전단 검토
- 기초의 2방향 전단 검토

(2) 휨철근의 산정

(1) 기초에 대한 전단 검토

전단강도의 검토식은 $V_u < \phi\, V_c$ 이며, 여기서 $\emptyset = 0.75$이다. 기초에는 일방향 전단과 이방향 전단을 검토해야 한다. 일방향 전단 또는 일면 전단은 보와 같이 전단력에 대한 위험단면을 기둥단면에서 유효춤 d만큼 떨어진 위치로 보기 때문에, 일방향 전단에 대해서는 이 단면에서의 전단력을 검토해야 한다. 반면 이방향 전단 또는 이면 전단은 무량판과 같이 뚫림전단이 발생할 수 있는 경우로 기둥단면에서 유효춤 d의 1/2 떨어진 위치의 둘레길이를 위험단면으로 고려한다. 따라서 이방향 전단에 대해서는 이 단면에 발생하는 전단력을 검토해야 한다.

기초 F_{12}에 대한 전단 검토용 자료를 정리하면 다음과 같다.

표 4.13 기초 F_{12}의 이방향 전단과 이방향 전단 비교

일방향 전단 검토	이방향 전단 검토
위험단면: 기둥 중심에서 550mm	위험단면: 기둥 중심에서 350mm
위험단면응력: 381.53 kN/m² = 387.8 − 0.2 (387.8−293.8) / 1.5	위험단면응력: 362.7 kN/m² = 387.8 − 0.4 (387.8−293.8) / 1.5

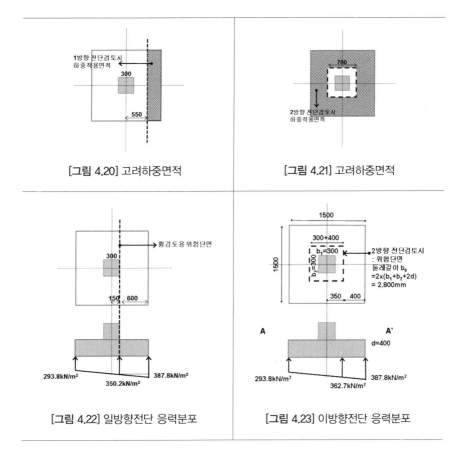

[그림 4.20] 고려하중면적

[그림 4.21] 고려하중면적

[그림 4.22] 일방향전단 응력분포

[그림 4.23] 이방향전단 응력분포

- 기초의 일방향 전단 검토

일방향 전단의 경우 기둥중심으로부터 550mm 떨어진 위험단면부터 기초 단부까지 하중이 작용하는 면적은 [그림 4.21]과 같다. 이때 전단력(V_{u1})은 다음과 같다.

$$V_{u1} = \frac{(387.8 + 293.8)}{2} \times 1.5 \times 0.2 = 204.8 \text{kN}$$

$$\phi \, V_c = \phi \left(1/6 \sqrt{f_{ck}} \, b_w d\right) \tag{0507.3.1}$$

$$= 0.75 \left(1/6 \sqrt{21} \times 1.5 \times 0.4\right) \times 10^3 = 343.7 \text{kN}$$

$$V_u < \phi \, V_c$$

공칭강도가 더 크므로 일방향 전단에 대하여 추가 보강이 필요 없다.

• 기초의 이방향 전단 검토

이방향 전단의 경우 기둥 중심으로부터 350mm 떨어진 위험단면의 둘레 길이에 하중이 작용하는 면적은 [그림 4.22]와 같다. 이 때 전단력(V_{u2})은 다음과 같다.

$$V_u = 286(2.8 \times 3.5 - 1.0 \times 1.2) = 2,459.6 \text{kN}$$

이방향 전단에 대한 공칭강도는 KBC 식 (0507.12.1.)부터 식 (0507.12.3) 까지에 의하여 산정된 값 중 가장 작은 값으로 결정한다.

$$\phi V_c = \phi \frac{1}{6}\left(1 + \frac{2}{\beta_c}\right)\sqrt{f_{ck}}\, b_o d \qquad (0507.12.1)$$

$$= 0.75 \times \frac{1}{6}\left(1 + \frac{2}{1}\right)\sqrt{21} \times 2,800 \times 400 = 1,924.8\,\text{kN}$$

$$\phi V_c = \phi \frac{1}{6}\left(1 + \frac{a_s d}{2b_o}\right)\sqrt{f_{ck}}\, b_o d \qquad (0507.12.2)$$

$$= 0.75 \times \frac{1}{6}\left(1 + \frac{30 \times 400}{2 \times 2,800}\right)\sqrt{21} \times 2,800 \times 400 = 2,016.5\text{kN}$$

$$\phi V_c = \phi \frac{1}{3}\sqrt{f_{ck}}\, b_o d = 3,024.5\text{kN} \qquad (0507.12.3)$$

$$= 0.75 \times \frac{1}{6}\left(1 + \frac{30 \times 400}{2 \times 2,800}\right)\sqrt{21} \times 2,800 \times 400 = 2,016.5\text{kN}$$

여기서 $\beta_c = 30/30 = 1.0$ (기둥 장변길이/기둥 단변길이)

$b_o = 2(300 + 300 + 500 + 500) = 2,800\text{mm}$ (위험단면 둘레길이)

$a_s = 40$(내부기둥), 30(외부기둥), 20(모서리기둥) (C_{12}는 외부기둥)

$$V_u < \phi \, V_c = 1,283.1\text{kN}$$

공칭강도가 더 크므로 이방향 전단에 대하여 추가 보강이 필요 없다.

(2) 휨철근의 산정

기초 F_{12}는 정사각형으로 모멘트가 작용하는 방향에 대한 휨철근과 동일하게 다른 방향을 배근하면 된다.

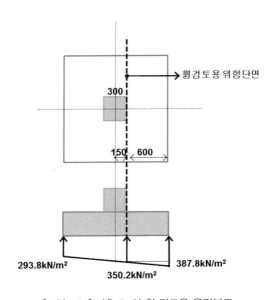

[그림 4.24] 기초 F_{12}의 휨 검토용 응력분포

KBC2009 0512.3.1 (2)항에 따라 최대 계수 모멘트가 발생하는 기둥면에서 휨철근을 계산한다. 휨철근 산정 방법은 4.2절의 거더 설계를 참조한다.

$$M_u = [350.2 \times 0.6^2/2 + (387.8 - 350.2) \times 0.6^2/3]\,1.5 = 101.3\text{kN·m}$$

$$R_n = \frac{M_u}{\phi \, bd^2} = \frac{101.3 \times 10^{-3}}{0.85 \times 1.5 \times 0.4^2} = 0.50\text{N/mm}^2$$

$$\rho = 0.85 \frac{f_{ck}}{f_y} \left[1 - \sqrt{1 - \frac{2R_n}{0.85 f_{ck}}} \right] = 0.0013$$

$$\rho_{\max} = 0.625\rho_b = 0.625 \times 0.85\beta_1 \frac{f_{ck}}{f_y} \times \frac{600}{600 + f_y}$$

$$= 0.0142 > \rho \quad \text{(OK)}$$

$$A_{s(\text{req})} = \rho bd = 0.0013 \times 1,500 \times 400 = 780\text{mm}^2 \ \text{(지배)}$$

KBC2009 0505.7.2(1)항에 제시된 최소 철근량은 다음과 같다.

$$A_{s(\min)} = 0.002 \times 1,500 \times 400 = 1,200\text{mm}^2$$

따라서 기초에 D19를 330mm 간격으로 5개($A_s = 1,432.5\text{mm}^2$)를 배근한다.

4.4.5 기초 배근상세

(1) 철근의 정착길이 검토

KBC 2009 0508.2.2항에 따라 정착에 대해서는 정착길이가 짧은 단변방향의 D19 철근을 검토한다.

$$l_{db} = \frac{0.6 d_b f_y}{\sqrt{f_{ck}}} = \frac{0.6 \times 19 \times 400}{\sqrt{21}} = 995\text{mm} \tag{0508.2.1}$$

철근 배근 위치, 에폭시 도막 여부 및 콘크리트 종류에 따른 보정계수를 고려하면 다음과 같다. D19이하의 철근이기 때문에 보정계수는 $0.8\alpha\beta\lambda$을 사용한다. $\alpha = \beta = \lambda = 1.0$ 이므로

$$l_{d(\text{req})} = 0.8\alpha\beta\lambda l_{db} = 0.8 \times 995 = 796\text{mm}$$

기초의 길이가 1,500mm이고, 기둥의 길이가 300mm이다. 또한 피복두께가 80mm이므로, 정착에 사용할 수 있는 길이는 다음과 같다.

$$l_d = \frac{(1,500 - 300)}{2} - 80 = 520\text{mm}$$

필요한 정착길이가 사용 가능한 정착길이보다 더 크므로 필요한 만큼을 90°도 갈고리를 사용하여 정착길이를 확보한다.

(2) 배근 단면도

기초 F_{12}의 배근 상세는 다음과 같다.

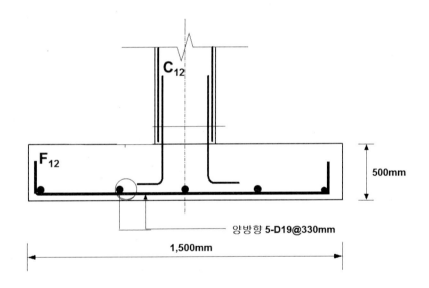

[그림 4.25] 기초 F_{12}의 배근도

부록

[부록 A] 재료 물성표

[부록 B] 단면성능표

[부록 C] H형강 및 철근 규격

[부록 D] 부재력 및 최대처짐

[부록 E] 고정단 모멘트

[부록 F] 기둥 압축좌굴길이계수(K) 산정표

[부록 G] 강구조설계 참고자료

[부록 H] 강구조 단면 가정표

[부록 I] 철근콘크리트 구조 설계 참고자료

[부록 A] 재료 물성표

주요구조재료에 대한 재료물성은 건축구조기준(2009)를 따른다.

1. 강재(Steel)

(1) 주요 구조용강재의 재료강도(KBC 2009)

〈표 0701.4.7〉 주요 구조용강재의 재료강도, MPa

강도 \ 강재 종별 \ 판두께	SS 400 SM 400 SN 400 SMA 400	SM 490 SN 490B, C SHN 490 SMA 490 SCW 490-CF[1]	SM 490 TMC	SM 520	SM 520 TMC	SM 570	SM 570 TMC
F_y 두께 40mm 이하 / 두께 40mm 초과 100mm이하	235 215	325 295	325 325[2]	355 325	355 355[2]	420 420	440 440[2]
F_u 두께 100mm이하	400	490	490[2]	520	520[2]	570	570[2]

주) 1) SCW 490-CF의 판두께 구분은 8mm 이상 60mm 이하.
　　 2) 두께 80mm 이하에만 적용됨.

(2) 구조용 강재의 재료정수

〈표 0701.4.12〉 강재의 재료정수

재료 \ 정수	탄성계수(E) (MPa)	전단탄성계수(G) (MPa)	프아송비 ν	선팽창계수 α (1/℃)
강 재	205,000	79,000	0.3	0.000012

2. 볼트(Bolt)

〈표 0701.4.10〉 고력볼트의 재료강도, MPa

강도 \ 강종	F8T	F10T	F13T
F_y	640	900	1170
F_u	800	1000	1300

〈표 0701.4.11〉 볼트의 재료강도, MPa

강종	SS 400, SM 400의 중볼트
F_y	235
F_u	400

3. 콘크리트(Concrete)

콘크리트의 탄성계수는 다음과 같이 계산하여야 한다.

(1) 콘크리트의 할선탄성계수는 콘크리트의 단위질량 m_c의 값이 1,450~2,500kg/m³인 콘크리트의 경우 식(0503.4.1)에 따라 계산하여야 한다.

$$E_c = 0.077 m_c^{1.5} \sqrt[3]{f_{cu}} \, (\text{MPa}) \qquad (0503.4.1)$$

다만, 보통골재를 사용한 콘크리트(m_c=2,300kg/m³)의 경우는 식(0503.4.2)를 이용할 수 있다.

$$E_c = 8,500 \sqrt[3]{f_{cu}} \, (\text{MPa}) \qquad (0503.4.2)를 이용할 수 있다.$$

여기서,

$$f_{ck} = f_{ck} + 8 (\text{MPa}) \qquad (0503.4.3)$$

크리프 계산에 사용되는 콘크리트의 초기접선탄성계수와 할선탄성계수와의 관계는 식 (0503.4.4)와 같다.

$$E_c = 0.85 E_d \qquad (0503.4.4)$$

보통골재를 사용한 콘크리트에 대한 압축강도(f_{ck})별 탄성계수(E_c)를 식(0503.4.2)과 식(0503.4.3)을 이용하여 구하면 다음과 같다.

f_{ck}	21	24	27	30	35	40	45	50
E_c	26,115	26,986	27,804	28,577	29,779	30,891	31,928	32,902

단위 MPa

4. 철근(Rebar)

철근의 탄성계수는 다음 식(0503.4.5)의 값을 표준으로 하여야 한다.

$$E_c = 200.000 (\text{MPa}) \qquad (0503.4.5)$$

[부록B] 단면성능표

	형상	도심	면적	단면2차모멘트 (도심기준)
1		$2b$	$\dfrac{bh}{2}$	$\dfrac{bh}{36}$
2		$\dfrac{b}{2}$	bh	$\dfrac{bh^3}{12}$
3		r	πr^2	$\dfrac{\pi r^4}{64}$
4		$\dfrac{3b}{8}$	$\dfrac{2bh}{3}$	$\dfrac{16bh^3}{105}$
5		$\dfrac{3b}{4}$	$\dfrac{bh}{3}$	$\dfrac{bh^3}{21}$

[부록C] H형강 및 철근 규격

(1) H형강　　　　　　　　　　　[출처: 현대제철 제품가이드]

01. H SECTION H형강

Dimensions and Sectional Properties 치수 및 단면성능
(1) Metric Series - KS, JIS '90

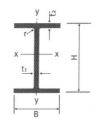

호칭치수 Division (depth x width)	단위무게 Unit Weight (kg/m)	표준단면치수 Standard Sectional Dimension (mm)					단면적 Sectional Area (cm²)	단면 2차 모멘트 Moment of Inertia (cm⁴)	
	W	H	B	t_1	t_2	r	A	Ix	Iy
100 x 100	17.2	100	100	6	8	10	21.90	383	134
125 x 125	23.8	125	125	6.5	9	10	30.31	847	293
150 x 75	14.0	150	75	5	7	8	17.85	666	49.5
150 x 100	21.1	148	100	6	9	11	26.84	1,020	151
150 x 150	31.5	150	150	7	10	11	40.14	1,640	563
200 x 100	18.2	198	99	4.5	7	11	23.18	1,580	114
200 x 100	21.3	200	100	5.5	8	11	27.16	1,840	134
200 x 150	30.6	194	150	6	9	13	39.01	2,690	507
200 x 200	49.9	200	200	8	12	13	63.53	4,720	1,600
200 x 200	56.2	200	204	12	12	13	71.53	4,980	1,700
200 x 200	*65.7	208	202	10	16	13	83.69	6,530	2,200
250 x 125	25.7	248	124	5	8	12	32.68	3,540	255
250 x 125	29.6	250	125	6	9	12	37.66	4,050	294
250 x 175	44.1	244	175	7	11	16	56.24	6,120	985
250 x 250	*64.4	244	252	11	11	16	82.06	8,790	2,940
250 x 250	*66.5	248	249	8	13	16	84.70	9,930	3,350
250 x 250	72.4	250	250	9	14	16	92.18	10,800	3,650
250 x 250	82.2	250	255	14	14	16	104.7	11,500	3,880
300 x 150	32.0	298	149	5.5	8	13	40.80	6,320	442
300 x 150	36.7	300	150	6.5	9	13	46.78	7,210	508
300 x 200	56.8	294	200	8	12	18	72.38	11,300	1,600
300 x 200	*65.4	298	201	9	14	18	83.36	13,300	1,900
300 x 300	84.5	294	302	12	12	18	107.7	16,900	5,520
300 x 300	*87.0	298	299	9	14	18	110.8	18,800	6,240
300 x 300	94.0	300	300	10	15	18	119.8	20,400	6,750
300 x 300	106	300	305	15	15	18	134.8	21,500	7,100
300 x 300	*106	304	301	11	17	18	134.8	23,400	7,730
300 x 300	*130	310	305	15	20	18	165.3	28,600	9,470
300 x 300	*142	310	310	20	20	18	180.8	29,900	10,000

* 는 KS(JIS)에 없는 규격

HYUNDAI STEEL
PRODUCTS GUIDE

Dimension   : KS D 3502:2013 JIS G 3192:1990
Dimensional Tolerance : KS D 3502:2013 JIS G 3192:1990
Surface Condition   : KS D 3502:2013 JIS G 3192:1990

단면 2차 반경 Radius of Gyration (cm)		단면계수 Modulus of Section (cm³)		소성단면계수 Plastic Modulus (cm³)		뒤틀림상수 Warping Constant (cm⁶,x10³)	비틀림상수 Torsional Constant (cm⁴)	호칭치수 Division (depth x width)
ix	iy	Sx	Sy	Zx	Zy	Cw	J	
4.18	2.47	76.5	26.7	87.6	41.2	2.83	5.17	100 x 100
5.29	3.11	136	46.9	154	71.9	9.87	8.43	125 x 125
6.11	1.66	88.8	13.2	102	20.8	2.53	2.81	150 x 75
6.17	2.37	138	30.1	157	46.7	7.28	7.37	150 x 100
6.39	3.75	219	75.1	246	115	27.6	13.5	150 x 150
8.26	2.21	160	23.0	180	35.7	10.4	3.86	200 x 100
8.24	2.22	184	26.8	209	41.9	12.3	5.77	
8.30	3.61	277	67.6	309	104	43.4	10.9	200 x 150
8.62	5.02	472	160	525	244	142	29.8	200 x 200
8.35	4.88	498	167	565	257	150	39.6	
8.83	5.13	628	218	710	332	203	66.7	
10.4	2.79	285	41.1	319	63.6	36.7	6.74	250 x 125
10.4	2.79	324	47.0	366	73.1	42.7	9.68	
10.4	4.18	502	113	558	173	134	23.2	250 x 175
10.3	5.98	720	233	805	358	399	39.5	250 x 250
10.8	6.29	801	269	883	408	462	46.7	
10.8	6.29	867	292	960	444	508	58.7	
10.5	6.09	919	304	1,040	468	540	79.0	
12.4	3.29	424	59.3	475	91.8	92.9	8.65	300 x 150
12.4	3.29	481	67.7	542	105	107	12.4	
12.5	4.71	771	160	859	247	319	35.8	300 x 200
12.6	4.77	893	189	1,000	291	383	53.4	
12.5	7.16	1,150	365	1,280	560	1,097	61.4	300 x 300
13.0	7.50	1,270	417	1,390	634	1,258	71.3	
13.1	7.51	1,360	450	1,500	684	1,372	88.1	
12.6	7.26	1,440	466	1,610	716	1,443	116	
13.2	7.57	1,540	514	1,710	781	1,592	125	
13.2	7.57	1,850	621	2,080	949	1,991	215	
12.9	7.44	1,930	645	2,200	992	2,093	271	

01. H SECTION H형강

Dimensions and Sectional Properties 치수 및 단면성능
(1) Metric Series - KS, JIS '90

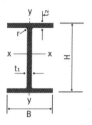

호칭치수 Division (depth x width)	단위무게 Unit Weight (kg/m)	표준단면치수 Standard Sectional Dimension (mm)					단면적 Sectional Area (cm²)	단면 2차 모멘트 Moment of Inertia (cm⁴)	
	W	H	B	t_1	t_2	r	A	Ix	Iy
350 x 175	41.4	346	174	6	9	14	52.68	11,100	792
	49.6	350	175	7	11	14	63.14	13,600	984
	*57.8	354	176	8	13	14	73.68	16,100	1,180
350 x 250	*69.2	336	249	8	12	20	88.15	18,500	3,090
	79.7	340	250	9	14	20	101.5	21,700	3,650
350 x 350	*106	338	351	13	13	20	135.3	28,200	9,380
	115	344	348	10	16	20	146.0	33,300	11,200
	*131	344	354	16	16	20	166.6	35,300	11,800
	137	350	350	12	19	20	173.9	40,300	13,600
	*156	350	357	19	19	20	198.4	42,800	14,400
400 x 200	56.6	396	199	7	11	16	72.16	20,000	1,450
	66.0	400	200	8	13	16	84.12	23,700	1,740
	*75.5	404	201	9	15	16	96.16	27,500	2,030
400 x 300	*94.3	386	299	9	14	22	120.1	33,700	6,240
	107	390	300	10	16	22	136.0	38,700	7,210
400 x 400	140	388	402	15	15	22	178.5	49,000	16,300
	147	394	398	11	18	22	186.8	56,100	18,900
	*168	394	405	18	18	22	214.4	59,700	20,000
	172	400	400	13	21	22	218.7	66,600	22,400
	197	400	408	21	21	22	250.7	70,900	23,800
	*200	406	403	16	24	22	254.9	78,000	26,200
	232	414	405	18	28	22	295.4	92,800	31,000
	283	428	407	20	35	22	360.7	119,000	39,400
	415	458	417	30	50	22	528.6	187,000	60,500
	605	498	432	45	70	22	770.1	298,000	94,400
450 x 200	66.2	446	199	8	12	18	84.30	28,700	1,580
	76.0	450	200	9	14	18	96.76	33,500	1,870
450 x 300	*106	434	299	10	15	24	135.0	46,800	6,690
	124	440	300	11	18	24	157.4	56,100	8,110
500 x 200	79.5	496	199	9	14	20	101.3	41,900	1,840
	89.6	500	200	10	16	20	114.2	47,800	2,140
	103	506	201	11	19	20	131.3	56,500	2,580

* 는 KS(JIS)에 없는 규격

HYUNDAI STEEL
PRODUCTS GUIDE

Dimension   :   KS D 3502:2013   JIS G 3192:1990
Dimensional Tolerance   :   KS D 3502:2013   JIS G 3192:1990
Surface Condition   :   KS D 3502:2013   JIS G 3192:1990

단면 2차 반경 Radius of Gyration (cm)		단면계수 Modulus of Section (cm³)		소성단면계수 Plastic Modulus (cm³)		뒤틀림상수 Warping Constant (cm⁶,x10³)	비틀림상수 Torsional Constant (cm⁴)	호칭치수 Division (depth x width)
ix	iy	Sx	Sy	Zx	Zy	Cw	J	
14.5	3.88	641	91.0	716	140	225	13.6	
14.7	3.95	775	112	868	174	283	23.0	350 x 175
14.8	4.01	909	135	1,020	208	344	36.1	
14.5	5.92	1,100	248	1,210	380	812	44.6	
14.6	6.00	1,280	292	1,410	447	970	66.3	340 x 250
14.4	8.33	1,670	534	1,850	818	2,477	90.3	
15.1	8.78	1,940	646	2,120	980	3,024	121	
14.6	8.43	2,050	669	2,300	1,030	3,186	164	350 x 350
15.2	8.84	2,300	777	2,550	1,180	3,721	199	
14.7	8.53	2,450	809	2,760	1,240	3,953	270	
16.7	4.48	1,010	145	1,130	224	536	27.1	
16.8	4.54	1,190	174	1,330	268	650	42.2	400 x 200
16.9	4.60	1,360	202	1,530	312	770	62.3	
16.7	7.21	1,750	418	1,920	637	2,160	79.9	
16.9	7.28	1,980	481	2,190	733	2,521	114	400 x 300
16.6	9.54	2,530	809	2,800	1,240	5,655	156	
17.3	10.1	2,850	951	3,120	1,440	6,688	194	
16.7	9.65	3,030	985	3,390	1,510	7,053	264	
17.5	10.1	3,330	1,120	3,670	1,700	8,048	303	
16.8	9.75	3,540	1,170	3,990	1,790	8,550	415	400 x 400
17.5	10.1	3,840	1,300	4,280	1,980	9,558	462	
17.7	10.2	4,480	1,530	5,030	2,330	11,557	714	
18.2	10.4	5,570	1,930	6,310	2,940	15,198	1,317	
18.8	10.7	8,170	2,900	9,540	4,440	25,188	3,885	
19.7	11.1	12,000	4,370	14,500	6,720	43,214	11,063	
18.5	4.33	1,290	159	1,450	247	744	38.3	
18.6	4.40	1,490	187	1,680	291	890	56.9	450 x 200
18.6	7.04	2,160	448	2,380	686	2,937	104	
18.9	7.18	2,550	541	2,820	828	3,611	163	450 x 300
20.3	4.27	1,690	185	1,910	290	1,072	60.8	
20.5	4.33	1,910	214	2,180	335	1,254	85.9	500 x 200
20.7	4.43	2,230	257	2,540	401	1,530	132	

01. H SECTION H형강

Dimensions and Sectional Properties 치수 및 단면성능
(1) Metric Series - KS, JIS '90

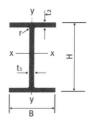

호칭치수 Division (depth x width)	단위무게 Unit Weight (kg/m)	표준단면치수 Standard Sectional Dimension (mm)					단면적 Sectional Area (cm²)	단면 2차 모멘트 Moment of Inertia (cm⁴)	
	W	H	B	t_1	t_2	r	A	lx	ly
500 x 300	114	482	300	11	15	26	145.5	60,400	6,760
	128	488	300	11	18	26	163.5	71,000	8,110
600 x 200	94.6	596	199	10	15	22	120.5	68,700	1,980
	106	600	200	11	17	22	134.4	77,600	2,280
	120	606	201	12	20	22	152.5	90,400	2,720
	*134	612	202	13	23	22	170.7	103,000	3,180
600 x 300	137	582	300	12	17	28	174.5	103,000	7,670
	151	588	300	12	20	28	192.5	118,000	9,020
	175	594	302	14	23	28	222.4	137,000	10,600
700 x 300	166	692	300	13	20	28	211.5	172,000	9,020
	185	700	300	13	24	28	235.5	201,000	10,800
	*215	708	302	15	28	28	273.6	237,000	12,900
800 x 300	191	792	300	14	22	28	243.4	254,000	9,930
	210	800	300	14	26	28	267.4	292,000	11,700
	*241	808	302	16	30	28	307.6	339,000	13,800
900 x 300	213	890	299	15	23	28	270.9	345,000	10,300
	243	900	300	16	28	28	309.8	411,000	12,600
	286	912	302	18	34	28	364.0	498,000	15,700
	*307	918	303	19	37	28	391.3	542,000	17,200

* 는 KS(JIS)에 없는 규격

HYUNDAI STEEL
PRODUCTS GUIDE

Dimension   : KS D 3502:2013 JIS G 3192:1990
Dimensional Tolerance : KS D 3502:2013 JIS G 3192:1990
Surface Condition   : KS D 3502:2013 JIS G 3192:1990

단면 2차 반경 Radius of Gyration (cm)		단면계수 Modulus of Section (cm³)		소성단면계수 Plastic Modulus (cm³)		뒤틀림상수 Warping Constant (cm⁶,x10³)	비틀림상수 Torsional Constant (cm⁴)	호칭치수 Division (depth x width)
ix	iy	Sx	Sy	Zx	Zy	Cw	J	
20.4	6.82	2,500	451	2,790	695	3,688	118	500 x 300
20.8	7.04	2,910	541	3,230	830	4,481	172	
23.9	4.05	2,310	199	2,650	315	1,671	82.4	
24.0	4.12	2,590	228	2,980	361	1,936	113	600 x 200
24.3	4.22	2,980	271	3,430	429	2,336	167	
24.6	4.31	3,380	314	3,890	498	2,755	237	
24.3	6.63	3,530	511	3,960	793	6,121	173	
24.8	6.85	4,020	601	4,490	928	7,275	241	600 x 300
24.9	6.90	4,620	701	5,200	1,080	8,628	356	
28.6	6.53	4,970	601	5,630	936	10,189	260	
29.3	6.78	5,760	722	6,460	1,120	12,367	383	700 x 300
29.4	6.86	6,700	853	7,560	1,320	14,897	588	
32.3	6.39	6,410	662	7,290	1,040	14,720	341	
33.0	6.62	7,290	782	8,240	1,220	17,569	486	800 x 300
33.2	6.70	8,400	915	9,530	1,430	20,902	726	
35.7	6.16	7,760	688	8,910	1,080	19,308	403	
36.4	6.39	9,140	843	10,500	1,320	24,015	633	
37.0	6.56	10,900	1,040	12,500	1,630	30,169	1,050	900 x 300
37.2	6.63	11,800	1,140	13,500	1,790	33,391	1,316	

08. EQUAL ANGLE 등변 ㄱ형강

Dimensions and Sectional Properties 치수 및 단면성능
- KS, JIS

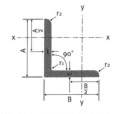

표준단면치수 Standard Sectional Dimension (mm)				단위무게 Unit Weight (kg/m)	단면적 Sectional Area (cm²)	중심의 위치 Center of Gravity (cm)	
A x B	t	r₁	r₂	W	A	Cx=Cy	Ix=Iy
25 x 25	3	4	2	1.12	1.427	0.719	0.797
30 x 30	3	4	2	1.36	1.727	0.844	1.42
40 x 40	5	4.5	3	2.95	3.755	1.17	5.42
45 x 45	4	6.5	3	2.74	3.492	1.24	6.50
45 x 45	5	6.5	3	3.38	4.302	1.28	7.91
50 x 50	4	6.5	3	3.06	3.892	1.37	9.06
50 x 50	5	6.5	3	3.77	4.802	1.41	11.1
50 x 50	6	6.5	4.5	4.43	5.644	1.44	12.6
60 x 60	4	6.5	3	3.68	4.692	1.61	16.0
60 x 60	5	6.5	3	4.55	5.802	1.66	19.6
60 x 60	*6	6.5	4.5	5.37	6.844	1.69	22.6
65 x 65	5	8.5	3	5.00	6.367	1.77	25.3
65 x 65	6	8.5	4	5.91	7.527	1.81	29.4
65 x 65	8	8.5	6	7.66	9.761	1.88	36.8
70 x 70	6	8.5	4	6.38	8.127	1.93	37.1
75 x 75	6	8.5	4	6.85	8.727	2.06	46.1
75 x 75	9	8.5	6	9.96	12.69	2.17	64.4
75 x 75	12	8.5	6	13.0	16.56	2.29	81.9
80 x 80	6	8.5	4	7.32	9.327	2.18	56.4
80 x 80	*7	8.5	4	8.48	10.797	2.23	64.2
80 x 80	*8	8.5	4	9.60	12.2	2.26	72.82
90 x 90	6	10	5	8.28	10.55	2.42	80.7
90 x 90	7	10	5	9.59	12.22	2.46	93.0
90 x 90	*8	10	7	10.8	13.764	2.50	104
90 x 90	*9	10	7	12.1	15.394	2.54	114
90 x 90	10	10	7	13.3	17.00	2.57	125
90 x 90	13	10	7	17.0	21.71	2.69	156

* 는 KS 및 JIS에 없는 규격
** A90 x 10t 11m는 25톤 이하 10m와 함께 들어올 시 생산가능
These sizes indicated by an asterisk(*) are not included in regular rolling schedules.

HYUNDAI STEEL
PRODUCTS GUIDE

L

Dimension	:	KS D 3502:2013	JIS G 3192:2008
Dimensional Tolerance	:	KS D 3502:2013	JIS G 3192:2008
Surface Condition	:	KS D 3502:2013	JIS G 3192:2008

단면 2차 모멘트 Moment of Inertia (cm⁴)		단면 2차 반경 Radius of Gyration (cm)			단면계수 Modulus of Section (cm³)	생산불가길이 Not Available Length
Max. Iu	Min. Iy	ix=iy	Max. iu	Min. iy	Zx=Zy	m
1.26	0.332	0.747	0.940	0.483	0.448	
2.26	0.59	0.908	1.14	0.585	0.661	
8.59	2.25	1.20	1.51	0.774	1.91	
10.3	2.69	1.36	1.72	0.880	2.00	
12.5	3.29	1.36	1.71	0.874	2.46	
14.4	3.76	1.53	1.92	0.983	2.49	
17.5	4.58	1.52	1.91	0.976	3.08	
20.0	5.23	1.50	1.88	0.963	3.55	
25.4	6.62	1.85	2.33	1.19	3.66	
31.2	8.09	1.84	2.32	1.18	4.52	
35.9	9.30	1.82	2.29	1.17	5.24	10.5
40.1	10.5	1.99	2.51	1.28	5.36	7.5/8.5/9.5/10.5/11/11.5
46.6	12.2	1.98	2.49	1.27	6.26	
58.3	15.3	1.94	2.44	1.25	7.96	
58.9	15.3	2.14	2.69	1.37	7.33	
73.2	19.0	2.30	2.90	1.48	8.47	
102	26.7	2.25	2.84	1.45	12.1	10.5(JIS)/11/11.5(KS)
129	34.5	2.22	2.79	1.44	15.7	8(JIS)/8.5/11/11.5/12
89.6	23.2	2.46	3.10	1.58	9.70	11.5(JIS)
102.4	26.8	2.44	3.08	1.58	11.12	
114.8	29.7	2.44	3.06	1.56	12.69	11(JIS)/11.5
128	33.4	2.77	3.48	1.78	12.3	
148	38.3	2.76	3.48	1.77	14.2	11(JIS)/11.5
165	42.8	2.74	3.46	1.76	16.0	10/10.5
182	47.3	2.72	3.44	1.75	17.65	9/11.5(JIS)/12
199	51.7	2.71	3.42	1.74	19.5	8/8.5(KS)/10.5(JIS)/11**/11.5/12
248	65.3	2.68	3.38	1.73	24.8	6.5/8.5/9/9.5/10(KS)

08. EQUAL ANGLE 등변 ㄱ형강

Dimensions and Sectional Properties 치수 및 단면성능
- KS, JIS

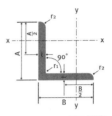

A x B	표준단면치수 Standard Sectional Dimension (mm)			단위무게 Unit Weight (kg/m)	단면적 Sectional Area (cm²)	중심의 위치 Center of Gravity (cm)	
	t	r₁	r₂	W	A	Cx=Cy	Ix=Iy
100 x 100	7	10	5	10.7	13.62	2.71	129
100 x 100	*8	10	8	12.1	15.36	2.75	144
100 x 100	10	10	7	14.9	19.0	2.82	175
100 x 100	13	10	7	19.1	24.31	2.94	220
120 x 120	8	12	5	14.7	18.76	3.24	258
130 x 130	9	12	6	17.9	22.74	3.53	366
130 x 130	*10	12	6	19.7	25.16	3.57	403
130 x 130	12	12	8.5	23.4	29.76	3.64	467
130 x 130	15	12	8.5	28.8	36.75	3.76	568
150 x 150	*10	14	7	22.9	29.21	4.06	627
150 x 150	12	14	7	27.3	34.77	4.14	740
150 x 150	15	14	10	33.6	42.74	4.24	888
150 x 150	19	14	10	41.9	53.38	4.40	1,090
175 x 175	12	15	11	31.8	40.52	4.73	1,170
175 x 175	15	15	11	39.4	50.21	4.85	1,440
200 x 200	15	17	12	45.3	57.75	5.46	2,180
200 x 200	20	17	12	59.7	76.00	5.67	2,820
200 x 200	25	17	12	73.6	93.75	5.86	3,420
250 x 250	25	24	12	93.7	119.4	7.10	6,950
250 x 250	35	24	18	128	162.6	7.45	9,110

* 는 KS 및 JIS에 없는 규격

HYUNDAI STEEL
PRODUCTS GUIDE

L

Dimension : KS D 3502:2013 JIS G 3192:2008
Dimensional Tolerance : KS D 3502:2013 JIS G 3192:2008
Surface Condition : KS D 3502:2013 JIS G 3192:2008

단면 2차 모멘트 Moment of Inertia (cm⁴)		단면 2차 반경 Radius of Gyration (cm)			단면계수 Modulus of Section (cm³)	생산불가길이 Not Available Length
Max. lu	Min. ly	ix=iy	Max. iu	Min. iy	Zx=Zy	m
205	53.2	3.08	3.88	1.98	17.7	
229	59.4	3.06	3.86	1.97	19.86	
278	72.0	3.04	3.83	1.95	24.4	
348	91.1	3.00	3.78	1.94	31.1	
410	106	3.71	4.67	2.38	29.5	
583	150	4.01	5.06	2.57	38.7	
641	165	4.00	5.05	2.56	42.8	
743	192	3.96	5.00	2.54	49.9	
902	234	3.93	4.95	2.53	61.5	
997	258	4.63	5.84	2.97	57.3	
1,180	304	4.61	5.82	2.96	68.1	
1,410	365	4.56	5.75	2.92	82.6	
1,730	451	4.52	5.69	2.91	103	
1,860	480	5.38	6.78	3.44	91.8	
2,290	589	5.35	6.75	3.42	114	
3,470	891	6.14	7.75	3.93	150	
4,490	1,160	6.09	7.68	3.90	197	
5,420	1,410	6.04	7.61	3.88	242	
11,000	2,860	7.63	9.62	4.90	388	
14,400	3,790	7.49	9.42	4.83	519	

11. CHANNEL ㄷ형강

Dimensions and Sectional Properties 치수 및 단면성능

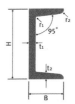

호칭치수 Designation	단위무게 Unit Weight (kg/m)	표준단면치수 Standard Sectional Dimension (mm)							단면적 Sectional Area (cm²)
	W	H	B	t₁	t₂	r₁	r₂		A
75 x 40	6.92	*75	40	5	7	8	4		8.818
100 x 50	9.36	*100	50	5	7.5	8	4		11.92
125 x 65	13.4	125	65	6	8	8	4		17.11
150 x 75	18.6	150	75	6.5	10	10	5		23.71
200 x 80	24.6	200	80	7.5	11	12	6		31.33
200 x 90	30.3	200	90	8	13.5	14	7		38.65
250 x 90	34.6	250	90	9	13	14	7		44.07
300 x 90	38.1	300	90	9	13	14	7		48.57
380 x 100	54.5	380	100	10.5	16	18	9		69.39
	67.3	*380	100	13	20	24	12		85.71

Note : * 는 별도주문판매 (These sizes indicated by an asterisk(*) are not included in regular rolling schedules.)

HYUNDAI STEEL
PRODUCTS GUIDE

CN

Dimension   :   KS D 3502:2013 JIS G 3192:2008
Dimensional Tolerance :   KS D 3502:2013 JIS G 3192:2008
Surface Condition   :   KS D 3502:2013 JIS G 3192:2008

중심의 위치 Center of Gravity (cm)	단면 2차 모멘트 Moment of Inertia (cm⁴)		단면 2차 반경 Radius of Gyration (cm)		단면계수 Modulus of Section (cm³)		호칭치수 Designation
Cy	Ix	Iy	ix	iy	Zx	Zy	
1.28	75.3	12.2	2.92	1.17	20.1	4.47	75 x 40
1.54	188	26.0	3.97	1.48	37.6	7.52	100 x 50
1.90	424	61.8	4.98	1.90	67.8	13.4	125 x 65
2.28	861	117	6.03	2.22	115	22.4	150 x 75
2.21	1,950	168	7.88	2.32	195	29.1	200 x 80
2.74	2,490	277	8.02	2.68	249	44.2	200 x 90
2.40	4,180	294	9.74	2.58	334	44.5	250 x 90
2.22	6,440	309	11.5	2.52	429	45.7	300 x 90
2.41	14,500	535	14.5	2.78	763	70.5	380 x 100
2.54	17,600	655	14.3	2.76	926	87.8	

(2) 철근

[출처: 현대제철 제품가이드]

15. REINFORCING BAR 철근

1) Dimensions and Weight 치수 및 중량

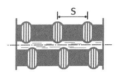

규격명 Standard	호칭명 Designation	단위무게 Unit Weight	공칭치수 Nominal Dimensions		
			직경 Diameter	단면적 Sectional Area	둘레 Perimeter
mm		kg/m	mm	cm²	cm
	D10	0.560	9.53	0.713	3.0
	D13	0.995	12.7	1.267	4.0
	D16	1.56	15.9	1.986	5.0
	D19	2.25	19.1	2.865	6.0
	D22	3.04	22.2	3.871	7.0
	D25	3.98	25.4	5.067	8.0
KS D 3504 KS D 3688 JIS G 3112	D29	5.04	28.6	6.424	9.0
	D32	6.23	31.8	7.942	10.0
	D35	7.51	34.9	9.566	11.0
	D38	8.95	38.1	11.40	12.0
	D41	10.5	41.3	13.40	13.0
	D43	11.4	43.0	14.52	13.5
	D51	15.9	50.8	20.27	16.0
	D57	20.3	57.3	25.79	18.0

DB

Dimension   : KS D 3504 / JIS G 3112
Dimensional Tolerance : KS D 3504 / JIS G 3112
Surface Condition   : KS D 3504 / JIS G 3112

마디 및 리브의 치수 Deformation Requirements				호칭명 Designation
마디의 평균간격 최대치 Max. Average Spacing	마디높이 최소치 Min. Height	마디높이 최대치 Max. Height	마디틈 합계의 최대치 Max. Gap	
mm	mm	mm	mm	mm
6.7	0.4	0.8	7.5	D10
8.9	0.5	1.0	10.0	D13
11.1	0.7	1.4	12.5	D16
13.4	1.0	2.0	15.0	D19
15.5	1.1	2.2	17.5	D22
17.8	1.3	2.6	20.0	D25
20.0	1.4	2.8	22.5	D29
22.3	1.6	3.2	25.0	D32
24.4	1.7	3.4	27.5	D35
26.7	1.9	3.8	30.0	D38
28.9	2.1	4.2	32.5	D41
30.1	2.2	4.4	33.8	D43
35.6	2.5	5.0	40.0	D51
40.1	2.9	5.8	45.0	D57

15. REINFORCING BAR 철근

2) 이형봉강포장(이론중량) 조견표(KS D 3504)
(1) 1톤 단위

호칭명 Designation	단위중량 Unit Weight (kg/m)	구분 Classification / 길이 Length (m)	6.0	6.5	7.0
D10	0.560	1본중량	3.36	3.64	3.92
		총본수	280	280	245
		중량	941	1,019	960
D13	0.995	1본중량	5.97	6.47	6.97
		총본수	168	144	140
		중량	1,003	931	976
D16	1.56	1본중량	9.36	10.14	10.92
		총본수	105	105	90
		중량	983	1,065	983
D19	2.25	1본중량	13.50	14.63	15.75
		총본수	70	70	60
		중량	945	1,024	945
D22	3.04	1본중량	18.24	19.76	21.28
		총본수	55	51	47
		중량	1,003	1,008	1,000
D25	3.98	1본중량	23.88	25.87	27.86
		총본수	42	39	36
		중량	1,003	1,009	1,003
D29	5.04	1본중량	30.24	32.76	35.28
		총본수	33	31	28
		중량	998	1,016	988
D32	6.23	1본중량	37.38	40.50	43.61
		총본수	27	25	23
		중량	1,009	1,012	1,003

환산중량 단중 : **KS D 3504** 기준
1본중량 : 단중×1본길이(소수2자리 맺음)
포장중량 : 1본중량×포장본수(**kg**단위로 맺음)

7.5	8.0	9.0	10.0	11.0	12.0	호칭명 Designation
4.20	4.48	5.04	5.60	6.16	6.72	
245	210	210	180	150	150	D10
1,029	941	1,058	1,008	924	1,008	
7.46	7.96	8.96	9.95	10.95	11.94	
140	120	120	100	100	80	D13
1,045	955	1,075	995	1,095	955	
11.70	12.48	14.04	15.60	17.16	18.72	
90	75	75	60	60	60	D16
1,053	936	1,053	936	1,030	1,123	
16.88	18.00	20.25	22.50	24.75	27.00	
60	60	50	50	40	40	D19
1,013	1,080	1,013	1,125	990	1,080	
22.80	24.32	27.36	30.40	33.44	36.48	
44	41	37	33	30	27	D22
1,003	997	1,012	1,003	1,003	985	
29.85	31.84	35.82	39.80	43.78	47.76	
33	32	28	25	23	21	D25
985	1,019	1,003	995	1,007	1,003	
37.80	40.32	45.36	50.40	55.44	60.48	
26	25	22	20	18	17	D29
983	1,008	998	1,008	998	1,028	
46.73	49.84	56.07	62.30	68.53	74.76	
21	20	18	16	15	13	D32
981	997	1,009	997	1,028	972	

15. REINFORCING BAR 철근

2) 이형봉강포장(이론중량) 조견표(KS D 3504)

(1) 1톤 단위

호칭명 Designation	단위중량 Unit Weight (kg/m)	구분 Classification	길이 Length (m)	6.0	6.5	7.0
D35	7.51		1본중량	45.06	48.82	52.57
			총본수	22	20	19
			중량	991	976	999
D38	8.95		1본중량	53.70	58.18	62.65
			총본수	19	17	16
			중량	1,020	989	1,002
D41	10.5		1본중량	63.00	68.25	73.50
			총본수	16	15	14
			중량	1,008	1,024	1,029
D43	11.4		1본중량	68.40	74.10	79.80
			총본수	14	14	14
			중량	958	1,037	1,117
D51	15.9		1본중량	95.40	103.35	111.30
			총본수	11	10	10
			중량	1,049	1,034	1,113

HYUNDAI STEEL
PRODUCTS GUIDE

환산중량 단중 : **KS D 3504** 기준
1본중량 : 단중×1본길이(소수2자리 맞음)
포장중량 : 1본중량×포장본수(**kg**단위로 맞음)

7.5	8.0	9.0	10.0	11.0	12.0	호칭명 Designation
56.33	60.08	67.59	75.10	82.61	90.12	
18	17	15	13	12	11	D35
1,014	1,021	1,014	976	991	991	
67.12	71.60	80.55	89.50	98.45	107.40	
15	14	12	11	10	9	D38
1,007	1,002	967	984	985	967	
78.75	84.00	94.50	105.00	115.50	126.00	
13	12	11	10	9	8	D41
1,024	1,008	1,040	1,050	1,040	1,008	
85.50	91.20	102.60	114.00	125.40	136.80	
12	11	10	9	8	7	D43
1,026	1,003	1,026	1,026	1,003	958	
119.25	127.20	143.10	159.00	174.90	190.80	
9	16	14	13	11	10	D51
1,073	2,035	2,003	2,067	1,924	1,908	

[부록D] 부재력 및 최대처짐

No	1	2	3
하중 및 경계조건			
전단력도			
휨모멘트도			
처짐	$0 \leq x \leq a$: $y = \dfrac{P}{6EI}(x^3 - 3ax^2)$ $a \leq x \leq L$: $y = \dfrac{Pa^2}{6EI}(a - 3x)$ $y_B = -\dfrac{Pa^2}{6EI}(3L - a)$	$0 \leq x \leq a$: $y = -\dfrac{Mx^2}{2EI}$ $a \leq x \leq L$: $y = \dfrac{Ma}{2EI}(a - 2x)$ $y_B = -\dfrac{Ma}{2EI}(2L - a)$	$0 \leq x \leq a$: $y = \dfrac{\omega}{2AEI}(4ax^3 - 6a^2x^2 - x^4)$ $a \leq x \leq L$: $y = \dfrac{\omega a^3}{2AEI}(a - 4x)$ $y_B = -\dfrac{\omega a^3}{2AEI}(4L - a)$
회전각	$0 \leq x \leq a$: $\theta = \dfrac{P}{2EI}(x^2 - 2ax)$ $a \leq x \leq L$: $\theta = -\dfrac{Pa^2}{2EI}$ $\theta_B = -\dfrac{Pa^2}{2EI}$	$0 \leq x \leq a$: $\theta = -\dfrac{Mx}{EI}$ $a \leq x \leq L$: $\theta = -\dfrac{Ma}{EI}$ $\theta_B = -\dfrac{Ma}{EI}$	$0 \leq x \leq a$: $\theta = \dfrac{\omega}{6EI}(3ax^2 - 3a^2x - x^3)$ $a \leq x \leq L$: $\theta = -\dfrac{\omega a^3}{6EI}$ $\theta_B = -\dfrac{\omega a^3}{6EI}$

No	4	5	6
하중 및 경계조건			
전단력도	$\dfrac{Pb}{L}$, $\dfrac{Pa}{L}$	$\dfrac{M}{L}$	$\dfrac{\omega L}{2}$, $\dfrac{\omega L}{2}$
휨모멘트도	$\dfrac{Pab}{L}$	$\dfrac{Ma}{L}$, $\dfrac{Mb}{L}$	$\dfrac{\omega L^2}{8}$
처짐	$0 \leq x \leq a$: $y = \dfrac{Pb}{6EIL}\,(x^3 + b^2 x - L^2 x)$ $a \leq x \leq L$: $y = \dfrac{Pa(L-x)}{6EIL}\,(x^2 + a^2 - 2Lx)$ For $a \geq b$: $y_{max} = -\dfrac{Pb}{9\sqrt{3}\,EIL}\,(L^2 - b^2)^{3/2}$ at $x = \left(\dfrac{L^2 - b^2}{3}\right)^{1/2}$	$0 \leq x \leq a$: $y = \dfrac{M}{6EIL}\,(-x^3 + 6aLx - 3a^2 x - 2L^2 x)$	$0 \leq x \leq L$: $y = -\dfrac{\omega}{2AEI}\,(x^4 - 2Lx^3 + L^3 x)$ $y_{max} = -\dfrac{5\omega L^4}{38AEI}$ at $x = \dfrac{L}{2}$
회전각	$0 \leq x \leq a$: $\theta = \dfrac{Pb}{6EIL}\,(3x^2 + b^2 - L^2)$ $a \leq x \leq L$: $\theta = \dfrac{Pa}{6EIL}\,[L^2 - a^2 - 3(L-x)^2]$ $\theta_A = -\dfrac{Pb}{6EIL}\,(L^2 - b^2)$ $\theta_B = \dfrac{Pa}{6EIL}\,(L^2 - a^2)$	$0 \leq x \leq a$: $\theta = \dfrac{M}{6EIL}\,(-3x^2 + 6aL - 3a^2 - 2L^2)$ $\theta_A = \dfrac{M}{6EIL}\,(6aL - 3a^2 - 2L^2)$ $\theta_B = \dfrac{M}{6EIL}\,(L^2 - 3a^2)$	$0 \leq x \leq L$: $\theta = -\dfrac{\omega}{2AEI}\,(4x^3 - 6Lx^2 + L^3)$ $\theta_A = -\dfrac{\omega L^3}{2AEI}$, $\theta_B = \dfrac{\omega L^3}{2AEI}$

[부록E] 고정단 모멘트

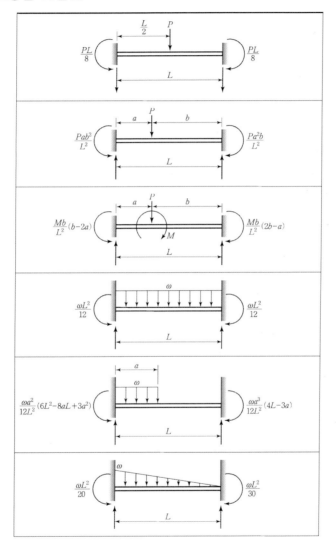

[부록F] 기둥-압축좌굴길이계수(K) 산정표

유효좌굴길이 산정을 위해서 유효좌굴길이계수(K)는 다음의 차트로부터 결정한다.
다음 차트 사용을 위하여 각 절점의 G는 다음과 같다.

$$G = \frac{\Sigma(E_c I_c / L_c)}{\Sigma\left(E_g I_g / L_g\right)} = \frac{\Sigma(EI/L)_c}{\Sigma(EI/L)_g}$$

(1) 횡변위가 구속되지 않은 골조

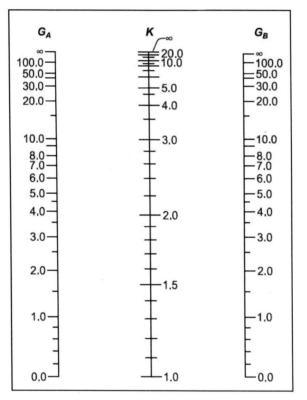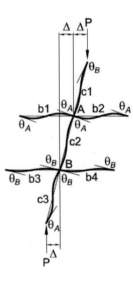

[그림 부록F-1] Alignment Chart(비횡지지 골조)

$$\frac{G_A G_B (\pi/K)^2 - 36}{6(G_A + G_B)} - \frac{(\pi/K)}{\tan(\pi/K)} = 0$$

(2) 횡변위가 구속된 골조

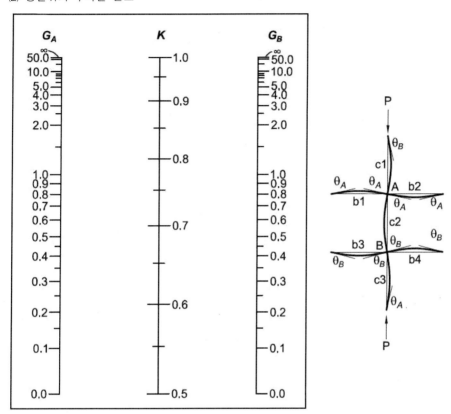

[그림 부록F-2] Alignment Chart(횡지지 골조)

$$\frac{G_A G_B}{4}(\pi/K)^2 + \left(\frac{G_A + G_B}{2}\right)\left(1 - \frac{\pi/K}{\tan(\pi/K)}\right) + \frac{2\tan(\pi/2K)}{(\pi/K)} - 1 = 0$$

[부록G] 강구조설계 참고자료

1. 합성보-시어커넥터 설계방법
(1) 수평전단력 산정

$$V_s = A_s F_y = 6,134 \text{ mm}^2 \times 235 \text{ N/mm}^2 = 1,484 \text{ kN} \tag{0709.5.1}$$

$$V_s = 0.85 f_{ck} b_e t_c = 0.85 \times 24 \text{ N/mm}^2 \times 2,000 \text{ mm} \times 150 \text{mm} = 6,120 \text{ kN} \tag{0709.5.2}$$

60% 합성율을 갖는 불완전 합성보로 설계하므로 슬래브의 유효압축력(C_e)는 다음과 같다.

$$C_e = 0.6 V_s = 0.6 \times 6,134 \text{ mm}^2 \times 235 \text{ N/mm}^2 = 890 \text{ kN}$$

(2) 시어커넥터의 공칭강도 산정
데크플레이트가 골을 가지고 있는 경우에는 공칭강도를 저감하지만 본 예제와 같이 일정한 두께의 슬래브가 연결된 경우에는 공칭강도 감소계수는 1이다. 이 경우에는 아래의 <표 0709.5.3>을 이용하여 시어커넥터의 공칭강도를 산정할 수 있다.

〈표 0709.5.3.〉 스터드 커넥터의 공칭강도 V_{sn} (R_g가 1인 경우)

스터드커넥터 종류		콘크리트 설계기준강도 f_{ck} (N/mm²)			
지름(mm)	높이, H_s(mm)	17.7	20.6	23.5	26.5이상
∅13	≥ 52	39.2	43.9	48.6	53.1
∅16	≥ 64	59.4	66.6	73.5	80.4
∅19	≥ 76	83.8	93.9	104.0	114.0
∅22	≥ 88	112.0	125.0	139.0	152.0

콘크리트의 압축강도는 24MPa이므로, 16mm의 시어커넥터 직경을 이용한다면 표에서 1개당 73.5 kN의 공칭강도를 갖는다.

(3) 시어커넥터의 소요개수 및 간격
 1) 소요개수산정

$$n = \frac{V_s}{V_{sn}} = \frac{890}{73.5} = 12.1 \text{ 개}$$

2) 시어커넥터 배치간격 산정

$$s = \frac{l/2}{n} = \frac{4,000}{12.1} = 330.6 \, mm \qquad \therefore \phi 16 \ @300 \, (H_s = 120mm)$$

따라서 철골보와 철근콘크리트 부재를 하나의 단일 부재로 거동하는 구조부재이다. 스팬의 1/2(4,000 mm)에 시어커넥터를 300mm간격으로 배치하게 되므로 모두 13개가 사용된다.

2. 등가축하중법

축력과 휨력을 함께 받는 부재에 대한 단면가정을 위하여 "한계상태설계기준에 의한 강구조설계 예제집(2002)"에 등가축하중법이 소개되어있다. 등가축하중법을 이용하여 단면을 가정하기 위해서는 계수 m과 U를 선택해야 한다.

(1) 계수 m 선택

[표 부록G-1] SS강재(F_y = 2.4tf/cm^2)에 대한 계수 m값

	F_y = 2.4tf/cm^2											
$(KL)_{r,eq(m)}$	3.0	3.6	4.2	4.8	5.4	6.0	6.6	7.2	7.8	8.4	9.0	9.6
m의 최초 추정값												
모든 단면	6.72	6.41	6.07	5.70	5.31	4.92	4.52	4.13	3.77	3.44	3.13	2.84
m값												
H−400×400	4.88	4.79	4.68	4.56	4.43	4.29	4.13	3.97	3.81	3.63	3.45	3.27
H−350×350	5.74	5.59	5.42	5.22	5.01	4.79	4.55	4.31	4.05	3.80	3.54	3.28
H−300×300	6.52	6.29	6.02	5.73	5.42	5.09	4.75	4.40	4.05	3.70	3.36	3.03
H−250×250	7.63	7.24	6.80	6.33	5.83	5.32	4.81	4.31	3.82	3.35	2.92	2.56
H−200×200	8.84	8.16	7.41	6.64	5.86	5.10	4.37	3.68	3.14	2.70	2.36	2.07

(2) 계수 U선택

[표 부록G-2] SS강재($F_y = 2.4tf/cm^2$)에 대한 계수 U값

H형강 단면 (춤×폭)	H-200×200		H-250×250			H-300×300			
	200×200	200×204	244×252	250×250	250×255	294×302	300×300	300×305	304×301
단위중량 (kgf/m)	49.9	56.2	64.4	72.4	82.2	84.5	94	106	106
U	2.11	2.16	2.17	2.12	2.18	2.16	2.15	2.21	2.14
단면2차반경의 비 i_x / i_y	1.72	1.71	1.72	1.72	1.72	1.75	1.74	1.74	1.74
소성휨모멘트 M_{px}(tf · m)	12.6	13.6	19.3	23.0	25.0	30.7	36.0	38.6	40.9
탄성한계 횡좌굴모멘트 M_{rx}(tf · m)	8.0	8.5	12.2	14.7	15.6	19.6	23.1	24.5	3.62
소성한계횡지지 길이L_p(m)	2.56	2.49	3.05	3.21	3.10	3.65	3.83	3.70	3.86
탄성한계횡지지 길이L_r(m)	10.99	12.02	11.45	12.87	14.12	12.78	14.11	15.11	15.51
$(KL)_{r,eq(m)}$ (m)	설계압축강도 $\phi_c P_n$(tf)								
0.0	130	146	167	188	214	220	244	275	275
3.0	108	121	148	168	189	201	236	253	254
3.3	104	116	144	164	184	198	222	248	250
3.6	100	111	140	160	179	194	218	243	246
3.9	96	106	135	155	174	189	214	238	241
4.2	91	101	131	151	168	185	209	233	236
4.5	87	95	126	146	163	180	204	227	231

[부록H] 강구조 단면가정표

[그림 부록H-1]과 같은 구조평면도에 대하여 기둥의 강축과 약축방향 기둥간 거리가 주어졌을 때, 다음 표를 사용하면 거더(G_y)와 기둥(C)에 단면을 가정할 수 있다.

다음 강구조 단면가정표는 "중저층 철골조 건축의 설계시공지침서(2001)"의 자료를 참고하였다.

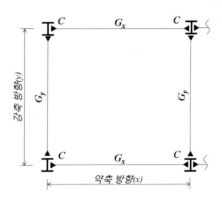

[그림 부록H-1] 단면가정표 적용 구조평면

[표 부록H-1] 저층 철골모멘트골조 단면가정표(1층)

스팬(m)		거더		기둥(C)
x	y	G_x	G_y	
6	6	H-450×200×9×14	H-350×175×7×11	H-250×250×9×14
	7	H-450×200×9×14	H-350×175×7×11	H-250×250×9×14
	8	H-450×200×9×14	H-350×175×7×11	H-300×300×10×15
	9	H-500×200×10×16	H-350×175×7×11	H-310×310×20×20
7	6	H-450×200×9×14	H-350×175×7×11	H-250×250×9×14
	7	H-450×200×9×14	H-350×175×7×11	H-250×250×9×14
	8	H-500×200×10×16	H-350×175×7×11	H-310×310×20×20
	9	H-488×300×11×18	H-350×175×7×11	H-350×350×12×19
8	6	H-450×200×9×14	H-350×175×7×11	H-250×250×9×14
	7	H-450×200×9×14	H-350×175×7×11	H-300×300×10×15
	8	H-500×200×10×16	H-350×175×7×11	H-310×310×20×20
	9	H-488×300×11×18	H-350×175×7×11	H-350×350×12×19

[표 부록H-2] 저층 철골모멘트골조 단면가정표(2층)

스팬(m)		거더		기둥( )
	y	G	G_y	
6	6	H-450×200×9×14	H-350×175×7×11	H-250×250×9×14
	7	H-450×200×9×14	H-350×175×7×11	H-300×300×10×15
	8	H-450×200×9×14	H-350×175×7×11	H-300×300×10×15
	9	H-500×200×10×16	H-350×175×7×11	H-310×310×20×20
7	6	H-450×200×9×14	H-350×175×7×11	H-300×300×10×15
	7	H-450×200×9×14	H-350×175×7×11	H-300×300×10×15
	8	H-500×200×10×16	H-350×175×7×11	H-310×310×20×20
	9	H-488×300×11×18	H-350×175×7×11	H-350×350×12×19
8	6	H-450×200×9×14	H-350×175×7×11	H-300×300×10×15
	7	H-450×200×9×14	H-350×175×7×11	H-300×300×10×15
	8	H-500×200×10×16	H-350×175×7×11	H-310×310×20×20
	9	H-488×300×11×18	H-350×175×7×11	H-400×400×13×21

[표 부록H-3] 저층 철골모멘트골조 단면가정표(3층)

스팬(m)		거더		기둥(C)
x	y	G_x	G_y	
6	6	H-450×200×9×14	H-350×175×7×11	H-300×300×10×15
	7	H-450×200×9×14	H-350×175×7×11	H-310×310×20×20
	8	H-500×200×10×16	H-350×175×7×11	H-310×310×20×20
	9	H-488×300×11×18	H-350×175×7×11	H-350×350×12×19
7	6	H-450×200×9×14	H-350×175×7×11	H-310×310×20×20
	7	H-450×200×9×14	H-350×175×7×11	H-310×310×20×20
	8	H-500×200×10×16	H-350×175×7×11	H-310×310×20×20
	9	H-488×300×11×18	H-350×175×7×11	H-400×400×13×21
8	6	H-450×200×9×14	H-350×175×7×11	H-310×310×20×20
	7	H-450×200×9×14	H-350×175×7×11	H-310×310×20×20
	8	H-488×300×11×18	H-350×175×7×11	H-350×350×12×19
	9	H-500×200×10×16	H-350×175×7×11	H-400×400×13×21

[부록I] 철근콘크리트구조 설계참고자료

1. 단근 직사각형 보의 휨설계

휨강도($f_{ck}bd^2$)는 ω에 대한 2차방정식으로 표현된다. 또한 ω는 철근비(ρ), 콘크리트 압축강도(f_{ck}), 철근 인장강도(f_y)로 구성된다.

$$\frac{M_n}{f_{ck}bd^2} = \omega(1-0.59\omega) \ , \ \ \omega = \rho\frac{f_y}{f_{ck}}$$

[표 부록I-1] 단근 직사각형 보의 휨강도

ω \ ρ	0.000	0.001	0.002	0.003	0.004	0.005	0.006	0.007	0.008	0.009
0.0	0.000	.0010	.0020	.0030	.0040	.0050	.0060	.0070	.0080	.0090
0.01	.0099	.0109	.0119	.0129	.0139	.0149	.0159	.0168	.0178	.0188
0.02	.0197	.0207	.0217	.0226	.0236	.0246	.0256	.0266	.0275	.0285
0.03	.0295	.0304	.0314	.0324	.0333	.0343	.0352	.0362	.0372	.0381
0.04	.0391	.0400	.0410	.0420	.0429	.0438	.0448	.0457	.0467	.0476
0.05	.0485	.0495	.0504	.0513	.0523	.0532	.0541	.0551	.0560	.0569
0.06	.0579	.0588	.0597	.0607	.0616	.0625	.0634	.0643	.0653	.0662
0.07	.0671	.0680	.0689	.0699	.0708	.0717	.0726	.0735	.0744	.0753
0.08	.0762	.0771	.0780	.0789	.0798	.0807	.0816	.0825	.0834	.0843
0.09	.0852	.0861	.0870	.0879	.0888	.0897	.0906	.0915	.0923	.0932
0.10	.0941	.0950	.0959	.0967	.0976	.0985	.0994	.1002	.1011	.1020
0.11	.1029	.1037	.1046	.1055	.1063	.1072	.1081	.1089	.1098	.1106
0.12	.1115	.1124	.1133	.1141	.1149	.1158	.1166	.1175	.1183	.1192
0.13	.1200	.1209	.1217	.1226	.1234	.1243	.1251	.1259	.1268	.1276
0.14	.1284	.1293	.1301	.1309	.1318	.1326	.1334	.1342	.1351	.1359
0.15	.1367	.1375	.1384	.1392	.1400	.1408	.1416	.1452	.1433	.1441
0.16	.1449	.1457	.1465	.1473	.1481	.1489	.1497	.1506	.1514	.1522
0.17	.1529	.1537	.1545	.1553	.1561	.1569	.1577	.1585	.1593	.1601
0.18	.1609	.1617	.1624	.1632	.1640	.1648	.1656	.1664	.1671	.1679
0.19	.1687	.1695	.1703	.1710	.1718	.1726	.1733	.1741	.1749	.1756
0.20	.1764	.1772	.1779	.1787	.1794	.1802	.1810	.1817	.1825	.1832
0.21	.1840	.1847	.1855	.1862	.1870	.1877	.1885	.1892	.1900	.1907
0.22	.1914	.1922	.1929	.1937	.1944	.1951	.1959	.1966	.1973	.1981
0.23	.1988	.1995	.2002	.2010	.2017	.2024	.2031	.2039	.2046	.2053
0.24	.2060	.2067	.2075	.2082	.2089	.2096	.2103	.2110	.2117	.2124
0.25	.2131	.2138	.2145	.2152	.2159	.2166	.2173	.2180	.2187	.2194
0.26	.2201	.2208	.2215	.2222	.2229	.2236	.2243	.2249	.2256	.2263
0.27	.2270	.2277	.2284	.2290	.2297	.2304	.2311	.2317	.2324	.2331
0.28	.2337	.2344	.2351	.2357	.2364	.2371	.2377	.2384	.2391	.2397
0.29	.2404	.2410	.2417	.2423	.2430	.2437	.2443	.2450	.2456	.2463
0.30	.2469	.2475	.2482	.2488	.2495	.2501	.2508	.2514	.2520	.2527
0.31	.2533	.2539	.2546	.2552	.2558	.2565	.2571	.2577	.2583	.2590
0.32	.2596	.2602	.2608	.2614	.2621	.2627	.2633	.2639	.2645	.2651
0.33	.2657	.2664	.2670	.2676	.2682	.2688	.2694	.2700	.2706	.2712
0.34	.2718	.2724	.2730	.2736	.2742	.2748	.2754	.2760	.2766	.2771
0.35	.2777	.2783	.2789	.2795	.2801	.2807	.2812	.2818	.2824	.2830
0.36	.2835	.2841	.2847	.2853	.2858	.2864	.2870	.2875	.2881	.2887
0.37	.2892	.2898	.2904	.2909	.2915	.2920	.2926	.2931	.2937	.2943
0.38	.2948	.2954	.2959	.2965	.2970	.2975	.2981	.2986	.2992	.2997
0.39	.3003	.3008	.3013	.3019	.3024	.3029	.3035	.3040	.3045	.3051

2. 기둥 P-M상관도

철근비(ρ)에 따른 P-M상관도($\frac{\phi M_n}{A_g h}$, $\frac{\phi P_n}{A_g}$)를 작성할 수 있다. 초기 철근량 산정에 활용할 수 있다.

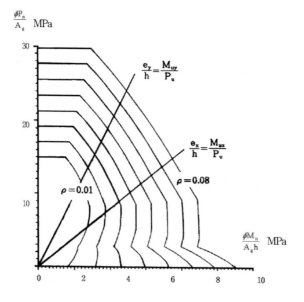

[그림 부록I-1] 철근콘크리트 기둥의 P-M상관도

참고문헌

한국강구조학회(2003), 허용응력설계법에 의한 강구조설계기준, 한국강구조
학회

대한건축학회(2002), 한계상태설계기준에 의한 강구조설계 예제집, 기문당

대한건축학회(2000), 건축물하중기준 및 해설, 대한건축학회

대한건축학회(2005), 건축구조설계기준, 대한건축학회

김도현, 정광량(2009), 초고층 건축물 구조시스템의 진화, 대한건축학회지,
대한건축학회

정광량(2008), 비정형 초고층 건축물을 위한 구조시스템, 대한건축학회지, 대
한건축학회

마이다스아이티(2014), Structural Analysis 구조편(Midas Gen으로 배우는
구조역학), 기문당

International Code Council(2009), International Building Code

AISC(2001), Manual of Steel Construction, Load and Resistance Factor
Design(3rd Edition), American Institute of Steel Construction, Inc.,
Chicago.

ASCE(2005), Minimum Load on Minimum Design Loads for Buildings
and Other Structures, (ASCE/SEI 7-05), American Society of Civil
Engineers.